Midjourney
AI绘画 从入门 到精通

梁翀 —— 著

化学工业出版社

·北京·

内 容 简 介

本书是面向设计师的 AI 时代指南，旨在帮助读者掌握 AI 绘画的核心技巧与 Midjourney 的使用方法。包括 10 个章节，详解从出版、游戏、营销到电商等行业的实例，展示了 AI 在不同行业多领域中的广泛应用。通过深入浅出的教学，带领读者从零基础开始，逐步进阶，学会"主体＋细节背景＋风格、媒介和艺术家＋参数"提示词设置，轻松玩转 AI 绘图。随书附赠成品视频欣赏以及 100 个精选关键词配方精图电子书，获取方式见封底说明。

本书图片精美丰富，实战性强，适合视觉设计师、数字艺术爱好者和 AI 绘画迷；从事人工智能领域的相关工作人员；以及美术、设计、计算机科学与技术等专业的学生。读者朋友无须生搬硬套书中的教程技巧，应在实际操作中加深理解和掌握各个知识点，做到学以致用、举一反三。

图书在版编目（CIP）数据

Midjourney AI绘画从入门到精通 / 梁翃著. —北京：
化学工业出版社，2023.11（2025.3重印）
ISBN 978-7-122-43992-5

Ⅰ.①M… Ⅱ.①梁… Ⅲ.①图像处理软件-基本知识 Ⅳ.①TP391.413

中国国家版本馆CIP数据核字（2023）第150904号

责任编辑：刘莉珺　李　辰　　　　　　　　封面设计：异一设计
责任校对：边　涛　　　　　　　　　　　　装帧设计：盟诺文化

出版发行：化学工业出版社（北京市东城区青年湖南街13号　邮政编码100011）
印　　装：北京建宏印刷有限公司
787mm×1092mm　1/16　印张12¹/₂　字数295千字　2025年3月北京第1版第2次印刷

购书咨询：010-64518888　　　　　　　　　售后服务：010-64518899
网　　址：http://www.cip.com.cn
凡购买本书，如有缺损质量问题，本社销售中心负责调换。

定　　价：98.00元

目前，AI（人工智能）正在改变我们的世界，重新定义我们的生活和工作。在这个充满机遇和挑战的时代，我们需要不断学习和进步，以跟上时代的步伐。《Midjourney AI 绘画从入门到精通》这本书正是为了帮助大家在 AI 时代中获得成功而编写的。它不仅提供了全面的指导，还以独特的方式带领大家从入门到精通，以成为 AI 时代的掌控者。本书内容深入浅出，实用性强，带领大家探索 AI 设计的奇妙世界，发现其中的无限可能。正如艾萨克·牛顿所说："我站在巨人的肩膀上。"我们也希望我们每个人都能站在 AI 时代的巨人肩膀上，创造属于自己的辉煌。

AI 时代即将开启，这是一个令人兴奋又充满挑战的时刻。人工智能技术正在以前所未有的速度发展，它已经深入到我们生活的方方面面，从智能手机到自动驾驶汽车，从语音助手到智能家居。它已经成为我们日常生活的一部分，也正在改变着我们的工作和生活方式。在这个快速变化的世界中，我们如何才能跟上时代的步伐，掌握这项新兴技术，成为 AI 时代的领军者呢？

正是基于这个问题，我们精心编写了这本《Midjourney AI 绘画从入门到精通》。这本书旨在帮助读者从零开始，逐步掌握 AI 设计的核心概念和技巧。无论你是初学者还是有一定经验的设计师，本书都能够满足你的需求，带你踏上一段精彩的学习之旅。

进阶性：由浅入深，步步深入的教学方式

本书采用了由浅入深的教学方式，帮助读者逐步掌握 AI 设计的核心知识和技能。我们从 Midjourney 的基础使用开始入门，逐渐引导读者进入 AI 设计的世界。每一章都有清晰的目标和结构，通过具体实例的讲解，帮助读者理解和运用所学知识，每个人都能够找到适合自己的学习路径，快速提升自己的技能水平。

实用性：大量来自实践的配方解密

本书不仅注重理论知识的传授，更重要的是注重实践能力的培养。我们深知只有理论知识是远远不够的，真正地掌握技术需要不断地实践和实践经验的积累。因此，在本书中，我们将重点介绍大量来自实践的配方和技巧，帮助读者在实际项目中灵活运用所学知识。我们的目标是让大家不仅掌握理论知识，还能够在实际工作中取得卓越的成果。

时效性：实时追踪软件的最新进展

AI 技术的发展速度非常快，新的算法、新的工具和新的技术层出不穷。为了保持本书的时效性，我们将实时追踪软件的最新进展，并将其融入书中。我们将介绍最新的 AI 设计工具和技术，帮助读者了解和应用最新的技术趋势。希望通过这种方式，让读者始终保持与时俱进，紧跟技术发展的脚步。

AI 时代已经来临，它正在改变我们的生活和工作方式。在未来的几年里，人工智能技术将在各个行业产生深远的影响，从医疗健康到教育培训，从金融服务到智能交通，无处不在。AI 技术的快速发展将带来巨大的机遇和挑战，我们需要做好准备，积极参与其中。正是基于这个信念，我们希望这本书能够成为大家的指南，帮助大家在 AI 时代中取得成功。我们希望通过对本书的学习，让大家掌握 AI 设计的核心知识和技能，成为 AI 时代的掌控者。我们希望每个人都能够站在 AI 时代的巨人肩膀上，发挥自己的创造力和想象力，创造出属于自己的辉煌。

"循流而下，易以至；倍风而驰，易以远。"让我们和 AI 一起，在这个伟大的时代，乘风破浪！

目 录
·CONTENTS

第 **1** 章

Chapter 1 | Midjourney 使用入门

AIGC（Artificial Intelligence Generated Content）是一种基于人工智能技术的生成模型，它在网络上得到了非常高的评价和热捧。最近一年，随着机器学习和深度学习技术的不断提升，人工智能在各个领域都得到了广泛的应用。其中，AIGC 作为人工智能技术的一种运用方式，其强大的生成能力受到了很多人的追捧和喜爱。

AIGC 的主要特点是能够生成高质量的图像和文本。过去，很多人认为人工智能只能完成一些简单的任务，但是随着技术的不断提升，AIGC 已经能够生成非常逼真的图像和文本，甚至有些已经超越了人类的创造力。这种强大的生成能力，让许多用户感到惊叹和兴奋。2022 年，有 4 个 AI 设计工具被玩家们逐渐认识。

（1）Disco Diffusion

Disco Diffusion 是一种基于 diffusion 机制的 GAN 图片生成 AI 工具。它使用多 discriminator 和 diffusion 过程生成真实的、高质量的图片，支持条件生成和 sources 迁移，开源实现，用途广泛。

（2）DALL·E2

DALL·E2 是 OpenAI 开发的一款文字到图片 AI 生成工具。它可以根据任意文本描述生成高质量的图片，覆盖人物、风景等各类主题。但尚未开源，只提供限定用户体验。

（3）Stable Diffusion

Stable Diffusion 是一款图片生成 AI 工具，可以根据文本生成图片。它采用稳定的 diffusion 机制，通过不断添加噪声生成逼真的图片。该模型已开源，生成效果很高，可用于游戏、插画设计等领域。

（4）Midjourney

Midjourney 是一款通过聊天体验来生成图片的 AI 工具。用户只需要通过聊天的方式与 AI 对话，描述想要生成的图片主题或场景，Midjourney 就可以根据描述生成图片。它的图片生成速度很快，质量也较高，但目前只对注册用户开放，并不开源。

以上 4 款工具代表了最新一代的 AI 设计工具，都能根据输入的文本自动生成高质量的图片。经过几个月的激烈角逐后，Midjourney 逐渐成为主流 AI 绘画工具，赢得了越来越多的人的狂热追随。使用 Midjourney 生成的作品不仅频频获得各种奖项，还成了朋友圈的刷屏神器。这类 AI 设计工具具有极大的创作潜力，在未来可能大规模应用于游戏、影视、平面设计等领域，这必将对传统创意设计工作产生重大影响。

在我们真正开启 Midjourney 的学习之前，我们需要清楚了解自己学习的目的，是成为朋友圈令人瞩目的绘画之星，还是将学习的技能逐渐应用在自己的工作和生活中，成为更加善于利用 AI 工具的新人类？

　　幸好这个问题不需要立即回答。我们可以在学习过程中自己找到答案，并逐渐体会实现这两种不同目的所对应的不同学习方法。

■ 1.1　注册 Discord 是第一步要做的事

　　首先，在加入 Midjourney　Discord 服务器之前，必须拥有经过验证的 Discord 账号。登录 Discord 的官网（https://discord.com/）注册一个账号。为了让注册过程更容易一些，建议使用 Google 浏览器或使用带有翻译插件的浏览器，这样可以帮助大家将充满英文的页面翻译成中文。Discord 注册流程如图 1-1 ～图 1-9 所示。

▲ 图 1-1　登录后点击"报名"按钮　　　　▲ 图 1-2　填写名字和邮箱后收到这样的提示

▲ 图 1-3　登录注册时填写的邮箱，点击"Create a password"　　　　▲ 图 1-4　设置密码
　　　　　　设置密码

▲ 图 1-5　点击右上角的"login"按钮，进行登录

▲ 图 1-6　输入注册时的邮箱和密码

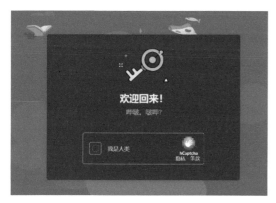

▲ 图 1-7　现在需要证明你是人类

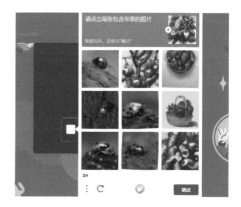

▲ 图 1-8　按照提示选择对应的物品，就可以证明
这一点

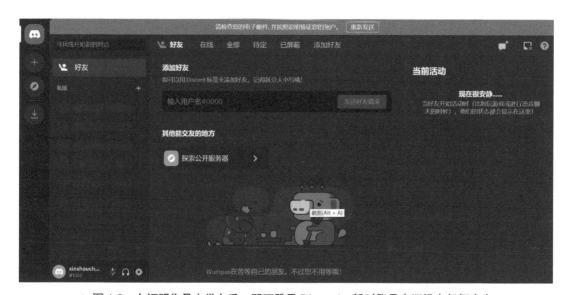

▲ 图 1-9　在证明你是人类之后，即可登录 Discord，暂时账号中还没有任何内容

■ 1.2　邮箱验证环节后，你可以在桌面上下载 Discord

按照上述方法即可登录 Discord。但在真正使用它之前，还需要进行邮箱验证。这个环节很简单，只需要登录邮箱，打开最新的来自 Discord 的邮件。之后你会看到邮件的内容，按照邮件的提示点击验证即可，如图 1-10 所示，就算是完成了邮箱验证环节，如图 1-11 所示。

▲ 图 1-10　找到 Discord 发送的邮件，然后点击查看邮件正文，请按照邮件提示点击"验证电子邮件地址"按钮

▲ 图 1-11　显示电子邮件已验证通过

完成了注册和邮箱验证环节后，就可以开始使用 Discord 了。

每次打开网页，输入网址，即可进入 Discord 页面；也可以下载 Discord 应用软件放在桌面上。这样，每次双击这个图标就可以快速地开始 AI 创作之旅了。

下载 Discord 应用软件放在桌面上并不难，首先在 Discord 主页中找到下载按钮，如图 1-12 和图 1-13 所示。然后，根据自己使用的操作系统习惯选择下载 Windows 版或 Mac 版（笔者的习惯是使用笔记本来工作，所以选择了 Windows 系统的版本）。

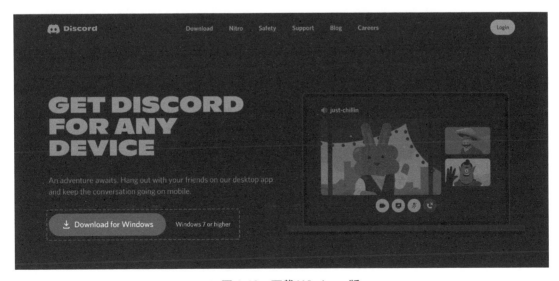

▲ 图 1-12　下载 Windows 版

▲ 图 1-13　下载 Mac 版

当桌面上已经出现了图 1-14 所示的图标的时候，就意味着该图标也许会在相当长的时间里成为我们非常亲密的伙伴，它或许会带领我们探索很多未知的领域。

▲ 图 1-14　下载完成后，电脑桌面上显示的 Discord 图标

1.3　现在我们需要一个 Midjourney 账户

搜索 Midjourney 的 Discord 服务器，并加入该服务器。

登录 Discord，当把鼠标指针移动到左侧功能栏第三个指南针样子的按钮时，会显示"探索公开服务器"字样，单击后出现"特色社区"，其中排名第一的就是全网热门的 Midjourney。继续单击 Midjourney 图标，如图 1-15 所示。

▲ 图 1-15　带着小小的兴奋，点击特色社区中的 Midjourney 图标

在进行上面的操作后,需要按照图 1-16～图 1-20 所示的步骤,进入 Discord 的 Midjourney 频道。

▲ 图 1-16　选择"Getting Started"选项

▲ 图 1-17　在此页面里单击上面蓝条中的"加入 Midjourney"选项

▲ 图 1-18　抱歉您需要再次证明您是人类

▲ 图 1-19　幸好您本来就是人类,所以不用太担心

▲ 图 1-20　顺利证明自己是人类后，终于打开了新的一页

　　除了上面讲到的方法，还可以在 Midjourney 的官网上启动 AI 设计旅程。打开网页 https://www.midjourney.com/home/，单击右下角的"Join the Beta"按钮，如图 1-21 所示。然后在弹出的窗口中选择 Discord 进行登录。接下来同样会被引导到 Discord 网站上，进入到我们刚刚看到的页面。

▲ 图 1-21　使用网页版的 Midjourney

贴心小知识

　　Discord 是前几年诞生的一种非常火爆的新型聊天工具，类似于 QQ、微信群。Midjourney 的使用方式是通过向 Discord 频道中的聊天机器人发送相应的文本，聊天机器人会返回相应的图片。注册账户后，可以在浏览器中使用 Discord 或下载其客户端进行使用。

1.4　先在 Discord 公共服务器里试用 Midjourney 吧

如果对 Midjourney 的服务感兴趣，但不确定是否应该付费，那么可以先在 Midjourney 的 Discord 服务器中尝试一下 AI 设计的小乐趣。

左侧这个代表 Midjourney 的帆船图标就是你的第一个服务器。在这个页面的左侧有很多频道，其中一些是专门为新手准备的，如 newbies-XX。可以随意单击一个进入该频道。在这个频道中，可以测试 Midjourney 的服务，体验 Midjourney 的功能和服务质量，如图 1-22 所示。

在试用过程中，可以随时与 Midjourney 社区进行互动、提出问题并得到解答。这样就能更好地了解 Midjourney 并为付费决策作出更明智的选择。

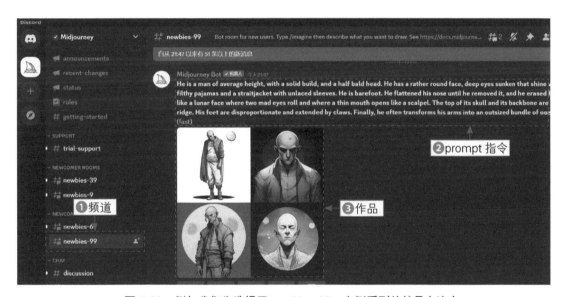

▲ 图 1-22　例如我们先选择了 newbies-99，右侧看到的就是在这个
频道内用户们的 prompt 和作品，可以不断刷新这些内容

1.4.1　prompt：你给出机器人的第一个指令

第一个需要学习的是 /imagine 命令，它可以帮你通过简短的文本描述生成一张独特的图像。具体的使用方法如下。

步骤01 选择使用的频道后，在对话框中输入斜杠，弹出的窗口中输入 /imagine prompt，或者选择列表中的命令 /imagine prompt，如图 1-23 所示。

步骤02 此时会显示一个带有 prompt 词汇的提示框，可以在其中输入图片描述提示词，如图 1-24 所示。关于这个提示词的构成，是 AI 绘图过程中非常有趣的部分，我们会在后面的章节详细讲述。

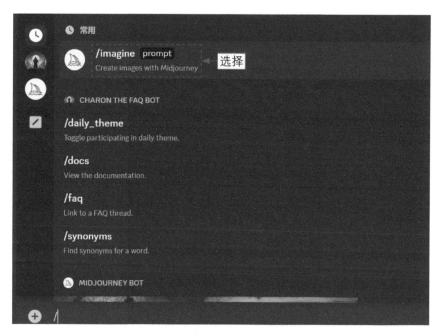

▲ 图 1-23　使用 /imagine prompt 命令

▲ 图 1-24　输入图片描述提示词

步骤03 按 Enter 键，发送提示词消息。

步骤04 首次生成图像之前，Midjourney Bot 将弹出一个窗口，要求用户接受服务条款。只有选择接受或同意，才会启动 AI 画图工作，如图 1-25 和图 1-26 所示。

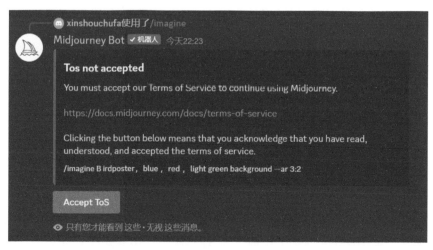

▲ 图 1-25　你的第一个指令发出后，会看到这样一个窗口，需要并单击绿色按钮，接受这些条款

▲ 图 1-26 当你接受这个条款后，机器人才开始正式为你工作

贴心小知识

在使用任何平台或工具软件之前，我们都需要认真地了解其规则，而不只是简单地单击"接受"按钮。例如，在 Midjourney 社区规则中，禁止未经许可公开转载他人作品，禁止在聊天中使用不当言语和血腥、暴力字眼等。如果没有事先了解这些规则，在 prompt 中使用了一些不符合平台要求的字眼，Midjourney 也会对其进行禁止或警告。

现在，让我们首先来画一只小鸟的海报，来开启 AI 绘画天空中的翱翔之旅。

我们的第一幅画描述为"Bird poster，blue，red，light green background，--ar 2:3"，如图 1-27 所示。中文翻译为"飞鸟海报，蓝色和红色，浅绿色的底色，比例 2：3"。这里需要注意的是：每个英文单词用逗号隔开，之后再进行下一组英文词的输入。

▲ 图 1-27 在对话框中输入描述关键词

这是一个比较简单的 prompt。通常情况下，在 Midjourney 里可以使用英文或中文输入文字来生成图片。但是目前英文输入的效果要比中文输入的效果好得多。因此，当你的脑海中出现想要绘制的图画时，可以使用翻译软件将中文描述转换成英文再进行输入。

接下来，你会看到一个名为 Midjourney 的机器人复述了你的话。在这句话的末尾，还有一句"Waiting to start"，这意味着机器人已经接收到了你的提示，并且正在为你生成图片。这个过程可能需要一点时间，所以请耐心等待，如图 1-28 所示。

dearhelen使用了/imagine
18:51 ✓ 机器人 **Midjourney Bot Bird poster, blue, red, light green background --ar 2:3 --q 2 --v 5** - @dearhelen (Waiting to start)

▲ 图 1-28 Midjourney 机器人接到命令后，正在生成图片

当你使用 Midjourney 生成图片时，它会显示一张模糊的图像，并在段落末尾开始显示 0，这是因为程序正在生成图片。这个过程可能需要一段时间，具体时间取决于你的 prompt 和 Midjourney 生成的图片质量。如图 1-29 所示。

▲ 图 1-29　Midjourney 生成图片

1.4.2　upcale：选择满意的图片

一旦图片生成完成，图片下方会显示 U1、V1 等按钮。这意味着图片已经生成成功，可以单击这些按钮来进行下一步操作。

例如，如果想生成更清晰的图片，可以尝试单击四宫格图片下的 U 按钮，U1 代表左上角的图片，U2 代表右上角的图片，U3 代表左下角的图片，U4 代表右下角的图片。单击后，需要等待一会儿，就会生成高清图片。需要注意的是，如果使用的是 V5 或以上版本，U 按钮已经不会影响分辨率了，这只是一个选择所需图片的功能。用户可以从生成的图片中选择与自己想要的最接近的一张或几张，并单击相应的按钮以生成独立的大图，如图 1-30 ～图 1-32 所示。

▲ 图 1-30　单击 U1、U2 按钮来生成大图

▲ 图 1-31　单击 U1 按钮生成的大图

▲ 图 1-32　单击 U2 按钮生成的大图

1.4.3　Variation：查阅每个图片的变体

此外，Midjourney 还提供了一个非常有趣的变体功能——按钮 V。使用该功能可以生成与用户选择的图片相似的四张新图片。这些新图片基于用户已经选择的图片生成，并在外观上与该图片具有相似性。

这个功能可以帮助用户在探索更多创意灵感时提供更多的可能性。通过使用变体按钮 V，用户可以快速生成一系列与原始图片相似但又不完全相同的图片。这些图片可以帮助用户更好地理解原始图片的不同方面，更好地发掘其潜力，如图 1-33 所示。

总之，变体按钮 V 是 Midjourney 提供的一个非常有用的功能，它可以帮助用户在不同的情境下探索更多的创意和可能性，而无须花费大量的时间和精力。

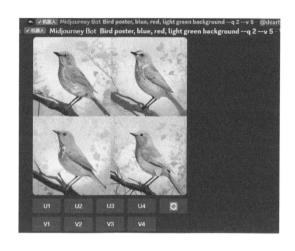

◀ 图 1-33　此图为单击图 1-30 下方的 V1 变体
按钮生成的，它们与原图 U1 有着相近的特性，
我们可以在其中寻找最接近自己期望的那一张

1.4.4　不满意，就删除

最后，如果不喜欢生成的图片，可以尝试删除它。在想要删除的图片右上角有一排按钮，选择"更多"后会出现一个菜单，最后选择"取消任务"即可删除该图片。需要注意的是，这个删除并不只是删除聊天信息里的图片，还会将图片从 Midjourney 的会员 Gallery 里删除。

1.4.5　Re-roll，再来一批图

当对生成的图片都感到不满意时，甚至可以要求机器人重新生成一些新图片，这就是图片下方◌符号所代表的含义。只需要单击它，就会重新生成遵循同一指令的新的四张图，如图 1-34、图 1-35 所示。在新生成的图片里，可以重复刚才的选择，生成大图、查看变体或者删除它。直到找到自己想要的图片，或者放弃这个指令。

▲ 图 1-34　循环符号变成深色
（代表另外一组图在生成中）

▲ 图 1-35　新生成的一组图片与之前的一组
有相似之处，也有不同之处

1.4.6 保存你的杰作

在 V4 版本之前，保存图片的方法与使用许多聊天工具一样。用鼠标右击图片，然后选择"图像另存为"命令保存图片。然而，目前 Midjourney 的图片保存方式需要单击图片下面的"在浏览器中打开"，并在打开的相应网页中选中图片，复制或者用鼠标右击将图片保存到你认为合适的位置。

1.5 Midjourney 常见指令详解

经过多次的版本更新和升级，Midjourney 中的各种命令和操作已变得越来越多样化和便捷化，使得我们能够更加轻松地创作出惊艳的作品。但是，由于这些命令和操作的使用方式各不相同，如果没有逐一了解它们，可能错过一些很有用的功能。因此，本节将详细介绍 Midjourney 中所有以"/"开头的命令，帮助大家更好地掌握这些命令的使用方法，从而更加便捷地创作出独具特色的作品。

/imagine 命令：用于图像的生成。在该命令后面输入提示词，Midjourney 便会基于该提示词生成四张图像（四宫格）。这个命令是进行图像创作的重要起始命令。

/setting 命令：用于查看和调整 Midjourney Bot 的设置。输入这个命令后会出现如图 1-36 所示的有很多选项的界面。大家不要被吓到，因为很多按钮暂时都不需要管，我们会在后面的课程中逐个讲解，目前我们只要知道概念即可。例如：当单击相应的选项按钮时，会出现 Current suffix（默认的后缀），--v5 代表出图时将默认使用 V5 模型，这样就不需要在输入完提示词之后额外添加 --v5 参数后缀了。

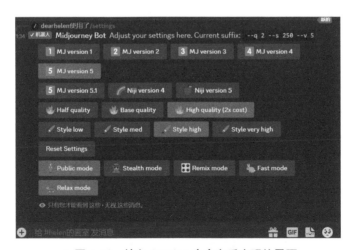

▲ 图 1-36 输入 /setting 命令之后出现的界面

虽然看起来很复杂，但是了解这些功能后，有利于我们实现更多确定性绘画。

/blend 命令：可以将 2 ～ 5 张图片进行混合，生成新的图像。这是一种图像生成功能。为获得最佳效果，请上传与想要的结果具有相同宽高比的图像。此内容在后面章节中会详细介绍。

/show 命令：可以通过唯一的作品 ID 将你的作品移动到其他服务器或频道，恢复丢失的作品，或者刷新旧作品以生成新的变化，或者使用更新的参数和功能（注：该命令仅适用于你自己的作品）。获取图像 ID 的方式：登录 Midjourney 官网，单击 home 按钮，找到需要的作品，选择 Copy → Job ID 命令，如图 1-37 所示。

▲ 图 1-37 登录网页版 Midjourney 的 home 页面，单击需要的作品的页面

/info 命令：用于查看个人资料信息。

/subscription（订阅）命令：显示用户当前订阅的计划及下一个续订日期。

Job mode（工作模式）显示用户当前处于 Fast mode（快速模式）还是 Relax mode（松缓模式）。松缓模式仅对标准计划和专业计划的用户开放。

Visibility mode（可见性模式）显示用户当前处于 Public（公共模式）还是 Stealth（隐形模式）。隐形模式仅对专业计划的用户开放。

/Fast Time Remaining（快速时间剩余）命令：显示用户本月剩余的快速出图的 GPU 时间。快速 GPU 时间每月重置，不可累积。

/subscribe 命令：当用户在 Midjourney 网站上订阅了一个计划后，可以使用该命令生成一个个人链接，以便查看自己的账户信息，包括 Midjourney 账户计划、已用时长、预计下一次续费时间等。这个链接是个人的，请勿分享给他人。

/ask 命令：当遇到问题时，可以使用该命令向 Midjourney 询问。在命令后面输入问题，Midjourney 便会根据该问题寻找相关的信息并回答（注意：Midjourney 可能无法回答一些特定的问题，特别是需要个人专业知识的问题，建议在这种情况下还是寻求专业人士来帮助）。

/help 命令：可以使用该命令来获取有关 Midjourney Bot 的基本操作指南和相关命令、参数、高级提示等官方文档。

/invite 命令：可以生成邀请链接并将其发送到你的个人消息界面。你可以发送邀请给某人，邀请其加入 Midjourney，来建立协作的团队或学习的小组。

还有一些指令我们并不常用，但偶尔使用有助于我们了解自己的使用情况并规划自己的时间。

/Lifetime Usage（账号使用统计）命令：显示 Midjourney 账号下所有图像的生成总数及使用时长。

/Relaxed Usage（松缓模式使用统计）命令：显示本月在松缓模式下所有图像的生成总数及使用时长。

/Queued Jobs（排队作品）命令：显示当前所有排队运行的作品数量。

/Running Jobs（正在运行的作品）命令：显示当前正在运行的作品。

对于针对高手的指令，目前我们可以不用特别关注或可以直接忽略，等到我们自认为成了高手，再来查看这个指令也来得及。

/prefer option set 命令：Midjourney Bot 中的高级命令之一，用于自定义生成图像时的偏好选项（见图 1-38），这里会涉及两个信息的定义。

option：为该选项命名。

value：为该选项赋值。

▲ 图 1-38　/prefer option set 为自定义图像生成时的偏好选项

命令解释：创建一个名为 mine 的选项，它的参数为 --v 4 --q 2 --s 750。

在实际使用 /imagine 生成图像时，只需直接引用即可，如图 1-39 所示。

▲ 图 1-39　mine 选项对应上述已设定好的参数

命令解释：/imagine prompt a cartoon panda --v 4 --q 2 --s 750。

需要强调一点，如果将 value 字段设为空，则代表删除该选项。/prefer option list 可以列出使用 prefer option set 创建的所有选项，最多可以有 20 个自定义选项。

/prefer suffix 命令：可以设置通用后缀，在每个 prompt 输入时都会默认添加上这个后缀，提高生产力。

/prefer auto_dm 命令：默认为开启状态，当一个任务完成时，系统会自动发送一条提示消息。再次输入该命令则会关闭该功能。

1.6 跟机器人直接对话：Midjourney Bot 的使用

当在公共频道上发送图片时，图片会被频道里的人看到。如果不想让大量人看到自己的图片，Midjourney Bot 是一个不错的选择，可以使用它来发送图片，而不必担心其他人看到。然而，需要注意的是，这种方式并不代表"仅你可见"，因为发送的图片仍然会在 Midjourney 的会员 Gallery 上显示。目前，只有 Midjourney 的付费 Pro 会员才能将图片设置为隐私模式。

使用 Midjourney Bot 非常容易，与在 Discord 上的单聊比较类似。只需在 Midjourney 的 newbies-XX 频道里找到 Midjourney Bot，然后单击它的头像，在弹出的菜单下方有一个 "私信 @Midjourney Bot"的输入框。在这个输入框里，随便输入一些内容，然后按 Enter 键发送即可，见图 1-40。这样，你就可以通过 Midjourney Bot 发送图片，而不必担心其他人看到了。然后你就会在你的私信列表里看到这个 Midjourney Bot，使用方法就跟上面介绍的方法一样，无任何差别。

▲ 图 1-40 选择 Bot 后在输入框中输入 prompt，按 Enter 键后即可生成图片

■ 1.7　建立自己的专属服务器

如果需要更多的私人空间来满足自己的私密创作和不被打扰的需求，你可以建立自己的私人服务器并邀请朋友访问，增加交流机会。作为一个小团队，你和团队成员可以在这个服务器内组成创作小组，相互观摩、学习和交流。这样做可以让你们更好地协作，分享资源和知识，并提高创作效率和质量。同时，私人服务器还可以保护你们的隐私和数据安全，让你们更加放心地进行创作和交流。如果你拥有一个私人机器人，它可以满足你的私密创作和不被干扰的需求。

具体的操作方法很简单。只需在 Discord 的列表左下方单击加号，系统会弹出创建服务器的对话框。选择添加服务器→亲自创建→仅供我和朋友使用命令，显示如图 1-41 所示的界面。上传头像和起好名字后，单击"创建"按钮，自己的专属服务器就建成了，如图 1-42 和图 1-43 所示。

▲ 图 1-41　点击右侧下面 +，弹出"创建服务器"　▲ 图 1-42　你可以上传一个头像，并为你的服务器
窗口　　　　　　　　　　　　　　　　起一个名字

▲ 图 1-43　你命名的服务器已经出现在左侧边栏。无论是邀请好友
还是装扮自己的服务器都可以，并且可以做很多事情

在创建的私人服务器中，可以建立不同功能的房间，也可以邀请自己的朋友或工作伙伴加入，一起在服务器里完成自己的 AI 绘画升级体验。

如图 1-44 所示，除了一些上传图片的公共画室，每个画室都是一个小伙伴的专属空间，他们的作品可以不被他人打扰。同时，经常去他人的"画室"学习 prompt，也可以让每个人常常获得创作的启发。学习和分享是 AIGC 时代我们进步最重要的手段之一。

▲ 图 1-44　在创建的服务器上，你可以邀请很多志同道合的创作者，甚至可以为每个人建立一个专属的"画室"

1.8　Midjourney 的订阅规则

如果你已经开始获得不错的体验并决定付费成为深度 AI 设计用户，可以通过 /subscription 来订阅。目前，Midjourney 提供三种不同规格的付费标准：基本计划、标准计划和专业计划，如图 1-45 所示。

当按年度付费时，这三种梯度价格可享受 20% 的折扣。我们可以将这三种梯度价格分别对应于轻度使用的个人用户、中度使用的专业用户和深度使用的商业用户。其中，基本计划对应了一定的绘画数量，标准计划和专业计划则享有无限制的绘画数量。

同时，这三种计划分别对应不同时长的快速模式使用时间。快速模式的时间用完后，机器人会询问你是购买更多的快速模式时间，还是转入休闲模式。在休闲模式下，标准计划和专业计划的用户仍然可以享用数量无限制的绘图功能。只不过出图的时间会变得较慢，你可能需要根据自己的绘图习惯，在不重要的时间选择使用休闲模式，在重要的出图的时

▲ 图 1-45 订阅价格分为三档

间，重新选择快速模式。

在专业计划订阅中，Midjourney 提供了隐形画廊 Stealth 模式，即用户生成的画作不会被公开展示，从而更好地保护用户对画作版权的拥有。

Chapter 2
开启第一场 AI 设计之旅

第 2 章

2.1 Midjourney 绘画的常见参数

"参数"听起来可能有些专业，但不要被这个词吓到。简单来说，很多图片生成 AI 将通用 prompt 语句做成了模板，比如图片长宽比，有 1∶1、2∶3、4∶7 等。因此，Midjourney 设计了一些参数，让用户能够快速调用，比如"Aspect Ratio"就只需要输入"--ar 1:1"即可。同时，由于表达方式已经固定，当大家需要改变长宽比时，都会使用这种方式。Midjourney 仅需要调整模型，即可保证输出的图片一致。

参数是保证快速生成图片的基本保障，因此我们可以从这里入手。

（1）版本越高图越美？

目前，Midjourney 支持多个版本，最新的是 V5 版本。与人们习惯的"软件版本越高功能越强大"的理解不同，Midjourney 给笔者留下的印象是，V4 之后，版本的大小并不一定代表它的强大，而是在不同领域有不同的擅长点。

例如，备受关注的 V5 版本被认为是目前最新、最先进的版本，该版本与用户输入的文本具有更高的吻合性，擅长解释自然语言提示，生成的图片分辨率更高。2023 年 5 月升级的 V5.1 曾被认为对新手更加友好，不依赖精细、复杂的描述也可以生成品质优秀的图片。相对而言，Midjourney V4 拥有更多关于生物、地点、物体等的知识，它更擅长正确处理小细节，并且可以处理包含多个角色或对象的复杂提示。尽管 V5 备受关注，但 V4 版本的优点也令人记忆犹新。我们甚至可以把它们当成两个平行的不同版本。因此，在实际运用中，可以根据自己对不同版本的了解，以及自身所设定的表现需要，常常使用不同的版本以达到特定的效果。

Version 参数的调用方式如下。

在关键词输入完成后加一个空格，然后带上版本参数 --v 或者 --version。接着输入所使用的版本数字，例如：Bird poster，blue，red，light green background --v 5，代表选择的是 V5 版本。这样做的好处是，在不同的绘图过程中，用户可以自由选择最适合图片风格的版本来生成图片。

如果偏爱某个特定版本，或者在密集使用同一版本的情况下，为避免每次输入的麻烦，可以在设置中调整默认版本。方法是在上一章讲到的，通过 /settings 进入设置选项，在其中选择相应的版本。当选项变为绿色后，设置即完成。这样，即使没有选择任何版本，在完成 prompt 关键词的输入后，Midjourney Bot 也会自动选择预设的版本，如图 2-1 所示。

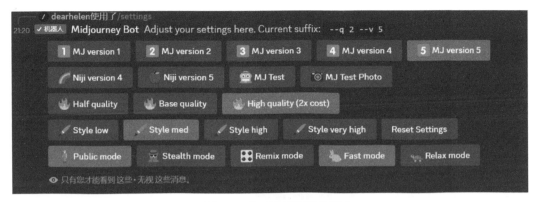

▲ 图 2-1　自动选择预设的版本

即便期间偶尔选择了其他版本，也不必每次重新选择、更改设置，只需要按照 --v x 结构，把要采用的版本输入即可。此时，prompt 里面会出现两个版本的标记，但模型会按从左往右的顺序运行这些参数，因此手动输入的版本会优先于预设后自动生成的版本运行。

（2）Aspect Ratios（长的，还是方的）

这个参数是图片的长宽比，在不做任何设置的情况下，Midjourney 的默认长宽比是 1:1，即会生成一个正方形图片。在指定的规格的情况下，可以通过以下方式调整图片的比例：在关键词后加空格，然后以 --ar x:x 的方式设定固定长宽比，如图 2-2 ～图 2-4 所示。例如：Bird poster，blue，red，light green background --v 5 --ar 3:2 就代表生成的图片会是一张长宽比为 3:2 的横向画幅。Midjourney 不同版本支持的长宽比会略有差异，大家可以参考表 2-1。

表 2-1　不同版本长宽比差异

注意事项	V5	V4	V3	Niji
• 默认比例是 1:1 • 长宽比会影响生成图片的形状和构图。当放大图片时，有些长宽比可能会发生轻微的改变	√支持任意比例。但 2:1 以上的宽高比是实验性的，可能会产生不可预测的结果	√ 1:2 到 2:1	√ 5:2 到 2:5	√ 1:2 到 2:1

在绘制特定行业的图画时，需要了解该行业中常用的长宽比，并在出图过程中应用，避免在完成图片后再进行调整造成变形。例如，当我们为营销环节设计海报、易拉宝或名片时，需要了解并提前设定这些内容的规格。通常发布于微信朋友圈的海报或现场活动使用的易拉宝，大多采用竖版形式，而网站上的按钮常常使用小小的正方形或圆形，banner 则更多采用横版形式。在制作视频时，偶尔会用到超长的横版，可以让镜头平滑移动而不必切换场景。这些都是在使用 AI 绘图的时候，提前需要了解的知识，方便我们预设与需求最为接近的长宽比。

▲ 图 2-2（--ar 1：1）

▲ 图 2-3（--ar 2：3）

▲ 图 2-4（--ar 2：1）

（3）要什么，不要什么

在绘制一幅图画时，我们通常会想到希望图片里有什么元素。但由于 AI 生成图片的随机性，图片中也可能出现我们不希望出现的事物。例如，我们描述了一位古代诗人，但他在图片里有时戴着现代的近视眼镜（大概是因为 AI 认为写诗比较费眼睛），如图 2-5 所示，这个时候就需要使用否定参数 NO。这个参数的意思是"不要什么"。如果不想让 AI 生成的图片里出现文字，只需在关键词后加上空格和 --no text 即可。如图 2-6 所示为使用否定参数生成的图片。

▲ 图 2-5　一位正在读书的中国古代诗人　　　▲ 图 2-6　把诗人的性别改成女性，并且添加
　　　　　　　　　　　　　　　　　　　　　　　　　　　　　--no glasses

（4）Chaos（更接近还是更不同）

这个参数的主要作用是控制模型的随机性。数值越高，模型的随机性就越大，输出的结果可能更加出人意料。数值越低，则模型的一致性会越高。我们可以看看官方的例子，其中 prompt 设定为 watermelon owl hybrid。

当 Chaos 参数为 0 时，输出的结果的一致性较高。以融合西瓜和猫头鹰为例，四次输出中呈现的结果较为相似。此外，在单次输出中，四宫格的四张图片风格的相似度也较高，如图 2-7 所示。

▲ 图 2-7　融合西瓜和猫头鹰的案例（--Chaos 0）

当 Chaos 值为 100 时，多次输出的融合风格都大不一样。即使在单次输出中，四张图片的风格区别也很大，如图 2-8 所示。如果对图片的确定性要求很高，那么可以将 Chaos 值调低。相反，如果希望 AI 帮助我们进行探索性工作，或者通过它来发散思维、启发思路，那么可以将 Chaos 值调高一点，结果常常会给我们带来令人惊喜的效果。

▲ 图 2-8　融合西瓜和猫头鹰的案例（--Chaos 100）

调用 Chaos 的方式类似于调用其他参数。输入关键词后按空格键，然后输入 --C xx 或 --Chaos xx，其中的 xx 代表 0 ～ 100 的数值。如果没有输入这个参数，那么该参数值默认为 0。

（5）Stylize（更听话还是更自由）

这个参数可以控制生成图片的风格化程度。简单来说，这个数值越低越符合 prompt 的描述，数值越高则艺术性就会越强，但跟 prompt 的关联性就会比较弱。让我们来看一下官方的例子，prompt 是 "colorful risograph of a fig"。前三张图片基本上契合 risograph 的风格，但右下角那四张就非常不像了，模型开始逐渐抛开用户的描述，自由地发挥创作的激情，如图 2-9 所示。

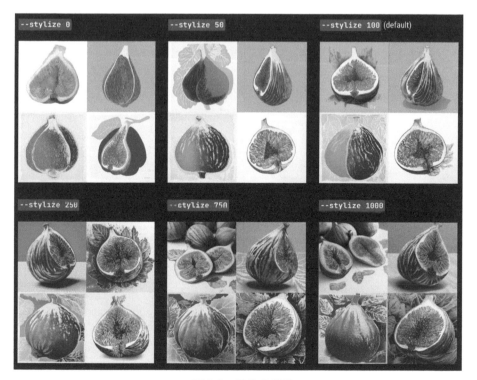

▲ 图 2-9　风格化程度

贴心小知识

　　Risograph 是一种数字印刷技术，可以在低成本下生产高质量的印刷品，通常用于小规模的印刷作业，比如小册子、海报和名片等。Risograph 使用类似于丝网印刷的方法，但是印刷过程更快、更精确，而且可以使用多种颜色。这种技术的印刷品通常具有独特的纹理和视觉效果，因此在设计和艺术领域非常受欢迎。

　　除了常规的在关键词后加空格并且输入 --s 可以调用风格化设置，我们还应该记住其默认值是 --s 100，当需要更加炫酷的效果时，就需要输入 --s 1000。

（6）Niji 模型：平行的动漫宇宙

　　这个模型是 Midjourney 和 Spellbrush Niji 之间合作开发的。通过调整可以使用它制作动画和插图风格的图片。该模型对动漫风格和动漫美学有更深入的了解，通常在动态和动作镜头，以及以角色为中心的构图方面表现出色。

　　调用这个模型的方法同样很简单。在输入关键词之后，输入空格，然后输入 --niji。提示词示例：/imagine prompt Mulan，Wonderland，fairy tale aesthetic，colorful，friendly，horse，storybook illustration --niji 5。

　　这个模型在生成动漫风格的图片方面表现得很好。例如，对于上述提示词生成的花木兰，图 2-10 和图 2-11 所示是 V4 和 V5 模型，图 2-12 所示是 Niji 5 模型。很显然图 2-12 更偏向于卡通漫画风格。

▲ 图 2-10　V4 版花木兰

▲ 图 2-11　V5 版花木兰

▲ 图 2-12　Niji 版花木兰

　　当然，现在还有一种同样简单的方法可以生成动漫风格的图画。当选择使用 App 时，在原有的侧边栏中可以找到 Niji 的符号（见图 2-13），选中它并单击 imagine，将关键词输入到 prompt 提示框中即可（见图 2-14）。

▲ 图 2-13　点击 App 后，左侧栏中淡绿色的小帆船就是 Niji 的符号

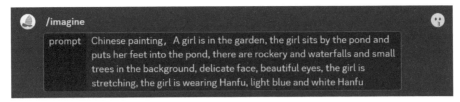

▲ 图 2-14　将 prompt 输入到提示框中

Niji Version 5 模型是目前最先进的 Niji 模型之一！这个模型非常灵敏，可以根据用户的要求微调图像。用户可以尝试不同的风格参数，以获得独特的外观。例如，可以尝试使用 style expressive 或 style cute 参数。

当需要在不同模型之间进行切换时，只需在关键词描述完成后，在空格后添加所需的参数即可。例如 --v 1、--v 2、--v 3、--v 4、--v 4 --style 4a、--v4 --style 4b、--test、--testp、--test --creative、--testp --creative 或 --niji 。

▲ 图 2-15　另一个常用的方法是输入 /settings，然后从弹出的菜单中选择所需的版本

2.2　Midjourney 基础设置

（1）打开设置

在 Midjourney 的服务器或 Midjourney Bot 聊天窗口中选择或输入 /settings，然后按 Enter 键，如图 2-16 所示。

▲ 图 2-16

接着就能看到如图 2-17 所示的 Bot 消息。

▲ 图 2-17

（2）版本设置

MJ1 ～ MJ5 版本是 Midjourney 发布的不同版本模型。其中，V1 ～ V3 模型已经陆续退出历史舞台，目前最常用的是 V4 和 V5 模型（注：V5 模型目前只支持订阅用户使用），如图 2-18 所示。推出的 V5.1 也非常受人们的喜爱，它的表现出色，让新手能够迅速上手。2023 年 6 月底推出了 V5.2 版本，并陆续做出了更新，比如图片扩展功能等。Niji 模型则专注于生成动漫 / 二次元风格的图像。该模型的特点在于颜色鲜艳、线条清晰，能够快速生成高质量的动漫图像。相同的 Prompt 在不同模型中运行的实际效果会有所不同。因此，我们可以尝试用同一个 prompt，使用不同模型出图，比较它们之间的差异，然后再根据自己的创作需求和喜好选择不同的模型进行使用。

▲ 图 2-18

贴心小知识：

有几个按钮需要特别留意。当单击 "MJ version 4 / Base quality / Style med" 两次时，可以把该项对应的默认后缀设为空。这个设计是为了给高级用户出图时增加更多的灵活性准备的，这样他们可以基于希望的出图效果随时设置参数。

（3）图像质量设置

第三行是图像质量设置（见图 2-19）。Half quality （半质量）选项会在生成图像时降低输出图像的质量，以达到快速生成的效果。速度提高 2 倍，GPU 耗时减少一半。Base quality（基本质量）选项为默认设置，它平衡了生成图像的质量与速度。在达到比较理想的生成效果的同时，对速度影响又不会太多。High quality（2x cost）（高质量）选项用于生成高质量的图像，会比默认设置更加耗费计算资源。速度慢一半，GPU 耗时增加 2 倍。

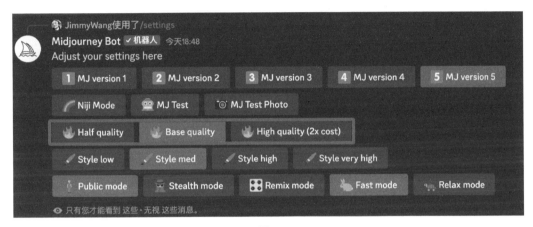

▲ 图 2-19

（4）图像风格设置

第四行是风格设置（见图 2-20）。Style Low（低风格）选项生成的图像较为模糊，细节不太清晰，但可以更快地生成。Style Med（中等风格）选项为默认设置，在生成图像速度和细节方面取得了更好的平衡。Style High（高风格）选项生成的图像具有更多的细节和更清晰的轮廓，但需要更长的生成时间。Style Very High（极高风格）选项生成的图像具有最高的细节和清晰度，但需要更长的时间生成，消耗更多的计算资源。

▲ 图 2-20

（5）图像展示类型设置

公共模式（Public mode）是默认设置，生成的图像及 prompt 会出现在画廊中，可以被其他用户查看和使用。隐形模式（Stealth mode）是专业计划用户特有的展示模式，生成的全部信息都不会被公开展示，只能在个人账户中查看和管理。如图 2-21 所示。

▲ 图 2-21

（6）特殊参数：Remix mode（混音模式）

Remix mode 是一个独特的参数，与其他参数不同，它不会完全重置 prompt 信息，而是在原有的基础上进行修改。这个参数使得生成的新图像既保留了一定的原始风格和特征，又能够在某些方面进行改进和再创新。用户可以通过这种方式，获得更加丰富多彩的图像，同时也可以更好地发挥自己的创造力和想象力。

需要注意的是，这里的操作仅仅是改变 prompt 中的一个单词，将"princess"改为"prince"。这一简单的替换将带来一张与公主风格一致的王子图像。但是，也可以尝试使用不同的单词和短语，来创造出更多的新图像。无论选择什么样的方式，都可以在混音模式中尝试新的创意和可能性。

（7）成像效率类型

在 Midjourney 中提供了两种不同的生成模式：快速模式和松缓模式（见图 2-22）。

快速模式可以大大提高图像的生成速度，在短时间内生成更多的图像。但是，快速模式每个月有一定的 GPU 时间限制。一旦用完了 GPU 时间，可以在 Midjourney 网站上购买额外的 GPU 时间。与此相比，松缓模式虽然生成图像的速度较慢，但是不会消耗快速 GPU 时间。因此，如果对时间不敏感或不需要快速生成图像，松缓模式可能更合适。同时，我们可以根据出图时所需的效率随时切换两种模式，这样使工作更加灵活，让快速模式在需要的时候发挥更大的价值。

▲ 图 2-22

2.3 开启 Midjourney 的创作之旅

基本上，到这里，我们可以深呼吸一下，然后真正开始我们的创作旅程。在开始 AI
绘画之前，我们可以先看看先行者们或者大神们的作品，以了解 AI 绘画的能力，以及我
们希望用它来表达什么。

（1）人物类型图像创作示例

Midjourney 是一个功能强大的绘图工具，尤其是在人物设计方面表现卓越。它可以用
于绘制各种艺术作品、设计元素或应用场景中所需的图像。Midjourney 提供了多种风格和
主题，用户可以轻松地找到符合自己需求的图像。在人物设计方面，Midjourney 提供了多
种人物类型供选择，包括卡通形象、真实人物等，每一种类型都可以生成符合用户需求的
图像。除此之外，还可以通过详细描述人物的服饰、表情、生活时代及周围环境等，来生
成更加个性化的人物形象。这个过程是非常有趣和创造性的，我们可以尝试不同的组合和
变化，以获得最终符合我们需求的图像。人物类型图像示例如图 2-23 ～图 2-28 所示。

这些人物形象在我们的实际生活中扮演着重要的角色。我们可以将它们作为自己的
头像，也可以将它们作为企业的 IP，从而提升品牌形象。此外，我们还可以将这些形象
应用于各种文化活动和商业领域，例如电影、游戏、动漫等方面，以扩大它们的影响力。
总的来说，这些人物形象具有广泛的应用前景，可以为个人和企业带来更多的机遇和发
展空间。

▲ 图 2-23　卡通男孩

▲ 图 2-24　青春少年

▲ 图 2-25　都市女郎

▲ 图 2-26　非洲女人

▲ 图 2-27　盛装老人

▲ 图 2-28　著名作家

（2）场景类型图像创作示例

在场景类型的图像创作中，可以选择不同的场景类型，如自然风景、城市景观、人物场景等，以生成符合我们需求的图像。例如，可以选择自然风景风格，生成美丽的山水画或自然风光照片，也可以选择城市景观风格，生成现代化的城市建筑、街道等图像。在人物场景中，可以选择不同的人物角色、场景、服装等元素，生成各种风格的人物图像。场景类型图像示例如图 2-29 ～图 2-32 所示。

此外，在生成图像的过程中，还可以调整时间、光线和镜头等参数，以获得最佳的艺术效果。例如，在自然风光场景中，可以通过调整时间参数，生成日出、日落、星空等不同光线条件下的图像，让创作更具生动感和情感共鸣。同时，还可以调整镜头参数，让图像的焦点、景深等更加准确和自然，让观者更好地感受到图像中想要表达的主题和情感。

场景类型图像创作在我们的现实工作和生活中有着广泛的应用。例如，在广告、宣传、市场营销等领域，场景类型图像可以作为重要的视觉传达工具，吸引观众的注意力，传递品牌形象和价值观。在媒体、新闻、出版等领域，场景类型图像可以作为重要的配图素材，丰富内容表现形式，增强读者的阅读体验。在建筑、城市规划、景观设计等领域，场景类型图像可以作为设计方案的展示和表达工具，帮助设计师更好地展示和传达设计理念。在教育、科研、文化遗产等领域，场景类型图像可以作为重要的教学、研究和展示工具，促进知识传播和文化交流。因此，场景类型图像创作具有非常广泛的应用前景。

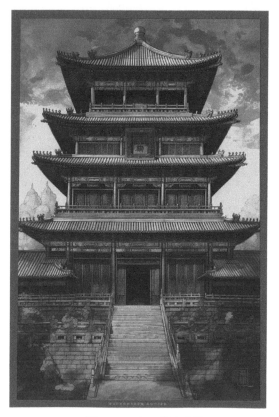

▲ 图 2-29　中国传统建筑

▲ 图 2-30　欧洲小镇

▲ 图 2-31　现代家居

▲ 图 2-32　青青校园

（3）物品 / 模型类型图像创作示例

在模型类型的图像创作中，我们可以选择不同的模型类型，比如汽车、飞机等，来生成符合需求的图像。例如，可以选择汽车模型类型，来生成美丽的汽车照片或汽车设计图。此外，还可以在生成图像的过程中，调整颜色、材质和角度等参数，以获得最佳的艺术效果。物品 / 模型类型的图像示例如图 2-33 ～图 2-36 所示。

当然，除了调整基础参数，还可以使用各种滤镜和特效来提高图像的质量和艺术价值。例如，可以使用模糊滤镜来模糊图像，使其看起来更加柔和、自然。还可以使用光影特效来增强图像的层次感和立体感，使其更具艺术性。此外，还可以将多个模型类型的图像进行组合，创作出更加复杂和独特的艺术作品。

目前，随着人工智能技术的不断发展，越来越多的广告公司和营销公司开始使用 AI 生成的图像来扩大他们的业务。这种技术的应用范围非常广泛，不仅仅局限于广告、宣传材料、产品设计和网站设计等领域。AI 生成的图像可以为设计师和产品开发人员提供更多灵感和选择。比如，在设计传单或海报时，如果没有很好的灵感，可以使用 AI 生成的图像来为设计增添更多元素，让它更加吸引人。此外，作为一名产品设计师，可以使用 AI 生成的图像来预览产品原型，以便更好地了解它们在不同环境下的外观和感觉。在我们的生活中，AI 生成的图像还可以用于创建个性化的礼品、装饰品或艺术品。总之，AI 生成的图像在各个领域都有着广泛的应用，可以为我们的生活和工作带来更多的便利和创意。

▲ 图 2-33　植物蔬菜

▲ 图 2-34　神奇动物

▲ 图 2-35　工艺制品

▲ 图 2-36　服装艺术

2.4　什么更多，什么更少：图像权重参数

使用图像权重参数 --iw 可以调整提示中图像和文本部分的重要性。若未指定 --iw，则使用默认值。较高的 --iw 值意味着图像提示对完成的作业产生更大的影响。有关提示各部分之间相对重要性的更多信息，请参阅提示页面。

不同的 Midjourney 版本模型具有不同的图像权重范围。以 V5 版本为例，图片提示如图 2-37 所示，可以看到随着 --iw 数值的提高，图像越来越接近我们给出的参考图，如图 2-38～图 2-44 所示。

提示示例：/imagine prompt flowers.jpg birthday cake --iw .5

▲ 图 2-37　图片提示

▲ 图 2-38　-iw .5

▲ 图 2-39　-iw .75

▲ 图 2-40　-iw 1

▲ 图 2-41　-iw 1.25

▲ 图 2-42　-iw 1.5

▲ 图 2-43　-iw 1.75

▲ 图 2-44　-iw 2

（1）多提示的使用

在生成图像的过程中，可以让 Midjourney Bot 单独考虑两个或多个单独的概念：：作为分隔符。分隔提示允许用户为提示的各个部分分配相对重要性。

（2）多提示基础

在提示中添加双冒号 :: 向 Midjourney Bot 表明它应该分别考虑提示的每个部分。在下面的示例中，对于提示，hot dog 所有单词都被考虑，Midjourney Bot 生成美味热狗的图像（见图 2-45）。如果将提示分成两部分 hot:: dog，则 Midjourney Bot 将两个概念分开考虑，从而创建热的狗的图像（见图 2-46）。

双冒号之间没有空格 :: Multi-prompts work with Model Versions 1，2，3，4，'5，niji，和 niji 5 Any 参数仍然添加到提示的最后。

 图 2-45　　　　　　　　　　　▲ 图 2-46

hot dog 热狗被认为是一个单一的想法。

hot:: dog 被认为是不同的想法。

（3）提示权重

当使用双冒号 :: 将提示分成不同的部分时，可以在双冒号后立即添加一个数字，以分配提示中该部分的相对重要性。

在下面的示例中，提示 hot:: dog 生成了热的狗。将提示更改为使"热" hot::2 dog 一词的重要性是"狗"一词的两倍，从而产生了非常热的狗的图像，见图 2-47 和图 2-48。

［模型版本］1，2，3 只接受整数作为权重［模型版本］4 可以接受权重的小数位非指定权重默认为 1。

▲ 图 2-47　hot:: dog（hot 和 dog 被认为是不同的想法）

▲ 图 2-48　hot::2 dog（hot 的重要性是 dog 的两倍）

第 3 章

3.1 什么是 prompt

在 AI 绘画中，prompt 是给 AI 的指令，指导 AI 按照这些指令生成相应的绘画作品。我们可以称其为提示词（或配方）。一个好的 prompt 可以帮助 AI 更好地理解我们想要表达的意思，生成出更精准、更符合要求的作品。

在编写 prompt 时，我们需要明确自己的需求和期望。例如，我们是希望 AI 生成一幅抽象、色彩鲜艳的画作，还是一幅写实、细节丰富的作品？我们需要考虑作品的主题、风格、色彩、构图等因素，并准确地用文字表达出来。同时，我们也可以借助一些工具和技巧来优化 prompt。例如，我们可以使用提示词来传达我们的意图，或者使用变量来增加生成图画的多样性。此外，我们还可以尝试使用多个 prompt 来引导 AI 生成更复杂、更细致的作品。

总之，编写好的 prompt 可以大大提高 AI 绘画的效果和质量。可以说，在使用相同工具的前提下，prompt 的能力就是创作者的核心能力。

3.2 prompt 常见的文本结构

首先，我们遇到的第一个问题就是，如何写好一个 prompt。

在创作 AI 画作时，Midjourney 的提示词可以非常简短，甚至只是一个单词或表情符号。这种简洁的描述方式虽然方便，但会使生成的画作质量更多地依赖于 Midjourney 产生的随机样式，导致画作效果可能会偏离我们的期望。如果想要获得更符合自己期望的画作效果，首先需要清楚地了解自己对画面的期望。这样一来，就可以在提示词中添加更多的细节描述，以便更准确地指导 AI 创作。

另一方面，我们看过很多精彩绝伦的 AI 画作，也看过它们背后对应的复杂、恢宏、看起来很深奥的描述。但并不是所有的好作品都需要冗长的描述，因为过多的细节描述可能会过于烦琐，使得提示词难以理解和使用。因此，我们需要在简短和详细之间进行平衡，以便在保证提示词易于理解和使用的同时，可以提供足够的信息来指导 AI 的创作。最终，这样的提示词将会产生更符合自己期望的画作效果，让人更加满意和喜爱。

总的来说，简单的提示词是实现创作的随机性和多样性的一种方法，而精确的表述则是获得确定性作品的最佳方式。

作为起步者，我们先来了解一下 prompt 的基本框架结构。在撰写第一个 prompt 之前，我们先看看 Midjourney 官方的框架，如图 3-1 所示。

Midjourney --v 5 Soft Template

The Early Bits	The Middle Bits	The Last Bits	The End Bit
Subject	*Other Details & Surroundings*	*Stylizations, Media Type, Artists*	*Parameters*
a botanical-bearded fairy prince, flowing hair, sky-eyes, symmetrical mossy antlers, intensely sad gaze, wearing a floral diadem,	magical details, twilight atmosphere,	in the style of ArtGerm, Alyssa Monks, Studio Ghibli, close-up, glamour shot	--v 5 --aspect 9:16

▲ 图 3-1　prompt 的基本框架结构（官方模板）

官方的模板很简单，分成四个部分。为了方便记忆，我们把这四个部分标记为 A、B、C、D，分别对应主体描述；细节和背景描述；风格、媒介和艺术家描述；参数描述。

A——主体描述：谁（国家、性别、年龄、服饰等）什么时间（春、夏、秋、冬或者早晨、中午、晚上等）在哪里（国家、低于、位置等）做什么（具体的动作、表情、状态等），什么（颜色、材质、状态等）在哪里（环境、背景、天气等）怎么样（状态）。

B——细节和背景描述：以什么样的状态或者样貌存在（光线、距离、气氛、角度、方向等）。

C——风格、媒介和艺术家描述：图片的风格或风格构成，绘制图片的画家或者所属的流派的描述（油画、水彩、素描等；印象派、未来派、蒸汽朋克等，达·芬奇、毕加索、梵高等）

D——参数描述：绘画本身的规格（长宽比、风格、一致性等）。

我们按照这个模板，可以尝试撰写几个不同的 prompt 来交给 AI 帮我们绘制第一组 AI 画作。

① a asian woman is reading at cafe，artwork by Rita Angus --q 2 --v 5（一个亚洲女人在咖啡馆里阅读，丽塔·安格斯的艺术作品），生成的作品如图 3-2 所示。

② interior design of a room : art by Henri Matisse --v 4（一间房间的内部设计，亨利·马蒂斯的艺术风格），生成的作品如图 3-3 所示。

③ masterpiece painting of oak trees on a hillside overlooking a creek，dramatic lighting，by Tom Thomson --ar 3:2 --v 5（山坡上橡树的杰作，俯瞰一条小溪，戏剧性的灯光，由汤姆·汤姆森创作），生成的作品如图 3-4 所示。

④ A black puppy with upright ears that has turned into an angel，like an angel，looks down on the world from the clouds，featuring cartoon comics，warm colors，and a children's book illustration style. --v 5（一只竖着耳朵变成天使的黑色小狗，像天使一样从

云端俯视着这个世界，卡通漫画，暖色调，童书插画风格），生成的作品如图 3-5 所示。

▲ 图 3-2　prompt（1）生成的图片

▲ 图 3-3　prompt（2）生成的图片

▲ 图 3-4　prompt（3）生成的图片

▲ 图 3-5　prompt（4）生成的图片

　　这几张图片是在 Midjourney 生成的图片中筛选出来的。如果想更丰富地体验美术创作领域的乐趣，可以尝试按照上面的提示词结构自己创作一些提示词。创作提示词是一项有趣、有挑战性的任务，因为这需要将我们的想法和感受转化为文字和图像。在创作提示词的过程中，可以体验到美术创作的乐趣和挑战，同时也可以提高自己的创作和表达能力。

　　如果仍旧感到无从下手，可以参考上面的提示词，逐渐掌握提示词的套路和技巧。比如，可以想象自己正在画画，并将自己的感受和想法表达出来。在这个过程中，你会发现自己的创造力和表达能力都得到了提高。

下面的两个小练习也许对你有帮助：在每一行里选择一个相应的词语，然后把这些词语串起来变成一个完整的描述，黄色作为我们刚刚讲过的提示词中的 A 部分，蓝色作为 B 部分，结合之前讲过的图像的参数，也就是提示词中 D 部分，以及未来要讲解的提示词中的 C 部分，即艺术家及创作风格，就可以变换出非常丰富的 prompt 组合了。请相信，这只是一个开始，你可以通过不断练习和尝试，做得越来越好。

主题：人、动物、人物、地点、物体等。

环境：室内、室外、火星、城市街道、咖啡馆、紫禁城等。

情绪：稳重、平静、喧闹、精力充沛等。

动作：读书、奔跑、谈话、唱歌、休息等。

照明：柔和、环境、阴天、霓虹灯、工作室灯等。

颜色：充满活力、柔和、明亮、单色、彩色、黑白、柔和等。

构图：人像、远景、特写、鸟瞰图等。

示例：一只松鼠在森林里愉快地觅食，柔和的自然光线，特写；一位非洲新娘在婚礼上幸福地微笑，电影灯光，近景；一位快递小哥骑着一辆破旧的自行车在夜晚的街道上急促地穿梭，霓虹灯光，背影。

……

3.3　prompt 图片 + 文本结构

除了标准的文本结构，我们还可以使用"图片 + 文本"的结构，以便将更多信息传递给 AI，令 AI 生成的图片可以更明确地指向我们希望的风格。

在我们非常清楚自己希望表述的内容之后，可以先找到画面相似的图片，以帮助我们更精准地表达。

例如，我们希望画一个放在桌子上的花瓶，花瓶里开着鲜艳的花朵，那么可以按下面的步骤做。

① 我们找到一幅相似的画作，作为参照图备用。

② 点击输入框旁边的 +，选择上传文件。

③ 按 Enter 键完成图片的上传。

④ 右击上传后的图片，选择复制链接命令。

贴心小知识

如果使用的是网络上的图片，则无须先下载再上传。更简单的方法是：在大多数浏览器中，右击或长按图像，并选择"复制图像地址"命令以获取 URL。

⑤ 将链接粘贴进 /imagine prompt 后的输入框中，加空格后书写或粘贴描述内容：On the desk in the study，there are several blooming flowers and retro colored oil paintings in a white porcelain vase.（在书房的桌子上，一个白瓷花瓶里有几支盛开的花朵，颜色复古的油画）。

⑥ 按 Enter 键发送指令，等待画作生成。

⑦ 画作生成后，选择满意的图片将其放大。

步骤01 单击 + 号后选择"上传文件"选项，如图 3-6 所示。

▲ 图 3-6

步骤02 选择本地文件，如图 3-7 所示。

▲ 图 3-7

步骤03 按 Enter 键完成文件上传，如图 3-8 所示。

步骤04 右击图片，选择"复制链接"命令，如图 3-9 所示。

▲ 图 3-8

▲ 图 3-9

步骤05 粘贴图片链接，加空格后输入图片描述，如图 3-10 所示。

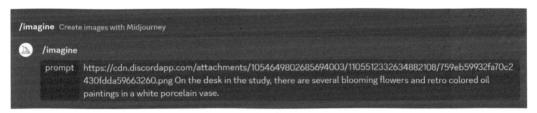
▲ 图 3-10

步骤06 按 Enter 键后，AI 开始工作，如图 3-11 所示。

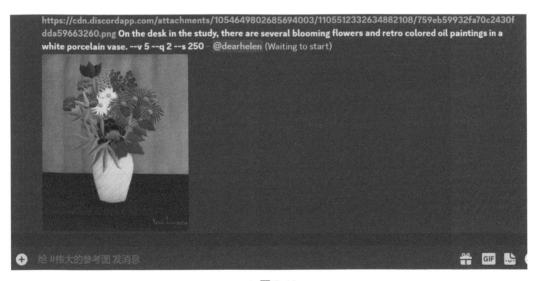
▲ 图 3-11

步骤07 图片生成，如图 3-12 所示，此时可以看到原图和我们的提示词组合的演绎，放大一张图，如图 3-13 所示。

▲ 图 3-12

▲ 图 3-13　选择带窗户的一幅生成大图

我们可以清晰地看到，上面示例中生成的图片明显带有我们提供的参考图的特色，同时融入了我们的描述。这种结合可以让 Midjourney 生成的图片更加符合我们所期望的风格和主题。事实上，有时候 AI 理解一张图片比理解我们的语言更加有优势。因此，Midjourney 作为一款绘画工具，具有精准解读图片信息的能力，经常能够令我们惊讶。

这也是为什么将图片和文本组合在一起，可以更好地传达我们的创作意图。通过提供参考图和提示词，我们可以为 AI 提供更多的信息，使其更好地理解我们的创作要求，并生成出更加符合我们要求的图片作品。

因此，我们可以养成一个好习惯，遇到优秀、有趣的图片，可以及时收藏起来。大量的优秀作品参与到我们的创作中，会对我们提升作品效果有很大的帮助。

贴心小知识

在我们参与 AI 创作的过程中，我们收藏和使用的图片最好要确保其版权的可靠性。当 AI 将图片融入我们的作品中时，很可能出现与原作非常相似的情况。在这种情况下，我们不得不面对一些版权风险。因此，我们应尽可能选择版权界定清晰、安全的作品。例如，我们示例中选择的这幅画是亨利·卢梭［(Henri Rousseau) 的《中国紫范和东京花束》(*Bouquet of Flowers with China Asters and Tokyos*)，这是一幅公有版权的画作，因此没有版权风险。]

▓3.4　关于 prompt 的 Midjourney 官方 FAQ

（1）4K、HD 等所谓的 Rendering 词有用吗

官方解释 Rendering 词：Rendering words include 4K，6K，8K，16K，ultra 4K，octane，unreal，v-ray，lumion，renderman，hd，hdr，hdmi，high-resolution，dp，dpi，ppi，1080p.

这些词有用吗？官方的解释是：Rendering words do something to your image. They may also be what's breaking your prompt. So，as part of troubleshooting，we recommend removing them. Removing them often fixes issues with blurring，focus，clarity，and coherence.

意思是这些词确实会影响你的图片，但它们也可能破坏你的 prompt。特别是对于一些需要使用如背景虚化等效果的摄影场景，添加 4K 等词汇可能破坏背景虚化效果。因此，官方建议删除这些词。

（2）prompt 里的词语顺序会影响结果吗

官方解释：Word order matters. Early words are generally more influential.

顺序确实会影响结果，越早出现的词对结果的影响越大。因此，我设计的模板将"类型"放在最前面，因为这是我最重要的目标。官方还有以下几点建议。

① 避免列举词语：即在 prompt 中写多个同义词。

② 使用具体相关的词语：生成的图片越具体，越符合 prompt。

③ 使用句子片段：不要像写雅思作文那样写长定语从句和长难句，而是将这些词语分开。

④ 避免使用 4K、8K、16K 等安慰性词汇。

（3）为什么 Seed 不生效

官方对 Seed 的评价是：Seeds can not transfer the style or appearance of images across jobs. Seeds can not be used to 'bookmark' styles or appearance.

（i.e. "Use seed XYZ for that!"）Seeds are the weakest force in Midjourney. In --v 5 they may not work as expected at all.

简单来说，在 V5 版本下，这个功能非常不稳定，不能跨图片传输 prompt，也不能用于"书签"样式或外观。

3.5 创作工坊: 如何使用 Niji 创作一本动漫故事书

喜欢看漫画的人偶尔会考虑一个问题: "我可以利用 Niji 画出自己的原创动漫人物故事吗?" 答案当然是肯定的。只需按照以下步骤逐步操作, 就可以成功实现这个愿望。

步骤01 使用提示词, 在 Niji 里构建你的角色。

如果我们想要创建一个美少女战士的角色, 可以微调 Midjourey 官网给出的提示词来实现。首先, 使用以下提示词在 Niji 中创建一个角色: 一个留着蓝色头发、身穿骑士盔甲的可爱女孩, 双马尾 (a cute girl with blue hair and knight armor twintails)。如图 3-14 所示, 我们仅仅使用这个提示词, 便可以得到一个理想的形象。我们可以给她起一个名字, 例如 "Lora"。

▲ 图 3-14　Lora 诞生 (提示词: a cute girl with blue hair and knight armor twintails)

贴心小知识

　　每张图片的命名也很重要哦, 在提示词的正文中, 最好使用图像的名称来建立关联, 这样我们无须再就图片中的内容进行描述, 仅仅使用到文件的名称, Midjourney 就可以准确理解图片中的关键信息了。

步骤02 使用图片 + 提示词, 给你的角色设定姿势。

选定角色后, 就可以给角色设定姿势了。提示词需要有三个部分: 图片的网址、说明和姿势。

　　将图片命名为 Lora 后保存，并上传在 Niji 里，右击图片并复制图片链接后，粘贴在 Niji 里的 /Imagine prompt 后，然后添加各种需要 Lora 来完成的动作、表情或任务（见下文中黄色的部分）。

　　在人物形象确定的前提下，将加入的姿势连起来，可以表现一连串发生在女主身上的故事。

　　/imagine prompt https://cdn.discordapp.com/attachments/some_picture_herelora is eating a hamburger

　　/imagine prompt https://cdn.discordapp.com/attachments/some_picture_herelora is holding a teddy bear

　　上述提示词中的黄色部分，描述的就是姿势或动作。生成的带动作的图片如图 3-15 和图 3-16 所示。

　　▲ 图 3-15　Lora 抱着泰迪熊　　　　　　　▲ 图 3-16　Lora 在吃汉堡包

　　我们在示例中设计的动作都很简单，大家可以借助 ChatGPT 类的工具或者创造自己的内容，写出连贯的脚本。将这些简单的动作生成的图像连起来，构成情节连续的故事，再制作成漫画书或动画视频。

　　步骤03 使用图片 + 图片，给角色配上背景。

故事里不能只有人物和动作的组合，有时候还需一个场景或多个场景，并通过场景的切换展现更为丰富的故事情节。

① 我们生成或找到一个合适的背景，把它命名为 moonlight fields 后，点击 Midjourney 对话框前的 + 号，完成文件的上传，如图 3-17 所示。

② 将 Lora 图片的地址和 moonlight fields 文件的地址都复制到 Niji 的 /imagine prompt 后，同时添加描述词：lora is in the moonlight fields，如图 3-18 所示。

③ 按 Enter 键后，AI 帮我们生成了女主在背景中的图像。

④ 按照这个方式，可以生成女主在不同场景中的切换。

▲ 图 3-17　将图片命名为 moonlight fields 后上传至 Midjourney

▲ 图 3-18　Lora+moonlight fields+prompt （Lora is in the moonlight fields）

至此，你大致可以想象，当你设定了人物形象和故事情节后，只需要一步一步生成需要的图片，就可以讲述整个故事了。此外，你也可以添加更多的细节，比如场景设置、人物情感等，让你的故事更加生动。如果想要更加丰富的表现形式，还可以将这些图片合成一个视频来讲述某个故事。这个方法很简单，并且可以在 Midjourney 和 Niji 上使用！不过，显然 Niji 更适合漫画风格的图书或视频。

注意：为了获得最佳效果，建议提示词要简单明了，其他内容则交给图像信息。毕竟，作为一款 AI 绘图软件，读图能力可以说是 Midjourney 的基本功呢！

3.6　prompt 常用提示词列表

材质	说明	画面光线	说明
etching	蚀刻（浅）	volumetric light	立体光
engraving	雕（中度）	studio light	影棚光
deep carving	刻（深）	natural light	自然光
lvory	象牙	raking light	侧光
obsidian	黑曜石	edge light	边缘光
granite	花岗岩	back light	逆光
basalt	玄武岩	hard light	硬光
marble	大理石	bright	明亮的光线
pine	松木	top light	顶光
pearl	珍珠	rim light	轮廓光
jade	玉石	morning light	晨光
amber	琥珀	sun light	太阳光
ruby	红宝石	golden hour light	黄金时段光
amethyst	紫水晶	cold light	冷光
diamond	钻石	warm light	暖光
heliodor	太阳石	dramatic light	戏剧光
antique	做旧	color light	色光
high polished	抛光	cyberpunk light	赛博朋克光
brushed	拉丝	rembrandt light	伦勃朗光
matte	哑光	reflection light	反光
satin	缎面	mapping light	映射光
hammered	捶打	atmospheric lighting	气氛照明
sandblasted	喷砂	volumetric lighting	层次光
ebony	乌木	mood lighting	情绪照明
cuprite	赤铜	soft illumination/ soft lights	柔和的照明 / 柔光
画面光线	**说明**	fluorescent lighting	荧光灯
beautiful lighting	好看的灯光	rays of shimmering light/ morning light	微光 / 晨光
soft light	柔软的光线	crepuscular ray	黄昏射线
cinematic light	电影光		

画面光线	说明
outer space view	外太空观
cinematic lighting/ dramatic lighting	电影灯光 / 破剧灯光
bisexual lighting	双性照明
rembrandt lighting	伦勃朗照明
split lighting	分体照明
front lighting	顺光照明
back lighting	背光照明
clean background trending	干净的背景趋势
rim lights	边缘灯
global illuminations	全局照明
neon cold lighting	霓虹灯冷光
hard lighting	强光

画面构图	说明
mandala	曼陀罗构图
ultra-wide shot	超广角
extreme closeup	极端特写
macroshot	微距拍摄
an expansive view of	广阔的视野
busts	半身像
profile	侧面
symmetrical body	对称的身体
symmetrical face	对称的脸
wide view	广角
bird view	俯视 / 鸟瞰
up view	俯视图
front view	正视图
symmetrical	对称
center the composition	居中构图
symmetrical the composition	对称构图

画面构图	说明
rule of thirds composition	三分法构图
S-shaped composition	S 型构图
diagonal composition	对角线构图
horizontal composition	水平构图
a bird's-eye view，aerial view	鸟瞰图
top view	顶视圈
tilt-shift	移轴
satellite view	卫星视图
bottom view	底视图
front，side，rear view	前视图、侧视图、后视图
product view	产品视图
extreme closeup view	极端特写视图
look up	仰视
first-person view	第一人称视角
isometric view	等距视图
closeup view	特写视图
high angle view	高角度视图
microscopic view	微观
super side angle	超博角
third-person perspective	第三人称视角
two-point perspective	两点透视
three-point perspective	三点透视
portrait	肖像
elevation perspective	立面透视
ultra wide shot	超广角镜头
head shot	爆头
a cross-section view of （a walnut）	（核桃）的横截面图
cinematic shot	电影镜头

画面构图	说明
in focus	焦点对准
deep focus	深焦
depth of field（dof）	景深（dof）
wide-angle view	广角镜头
Canon 5d，Fujifilm xt100，Sony alpha	相机型号焦段光圈
close-up（CU）	特写
medium close-up（MCU）	中特写
medium shot（MS）	中景
medium long shot（MLS）	中远暴
long shot（LS）	远景
extreme long shot（ELS）	超远景
over the shoulder shot	过肩景
loose shot	松散景
tight shot	近距离景
two shot（2S），three shot（3S），group shot（GS）	两景（2S）、三景（3S）、群景（GS）
scenery shot	风景照
bokeh effect	虚化效果
foreground	前景
background	背景
detail shot	细节镜头
face shot	面部拍摄
full length shot	全身照
extreme close-up（ECU）	极特写
chest shot	胸部以上

画面构图	说明
waist shot（WS）	腰部以上
knee shot（KS）	膝盖以上
extra long shot（ELS）	超长镜头
big close-up（BCU）	头部以上

画面情绪	说明
moody	暗黑的
happy	鲜艳的，浅色的
dark	黑暗的
epic detail	超细节的
brutal	残酷的，破碎的
dramatic contrast	强烈对比的
hopeful	充满希望的
anxious	焦虑的
depressed	沮丧
elated	高兴地
upset	难过的
fearful	令人恐惧的
hateful	令人憎恨的
happy	高兴
excited	兴奋
angry	生气
afraid	害怕
disgusted	厌恶
surprised	惊喜

第 4 章

在 Midjourney 中，可以根据需要选择不同的艺术风格来生成文本。在浩瀚的人类历史中，人类创造了璀璨的文明，艺术风格和流派更是不胜枚举，在这里我们可以列举一些常见的艺术风格，并在 AI 绘画中应用它们以达成我们期望的绘画效果。

在 Midjourney 中，可以选择不同的艺术风格来生成 prompt，以使图像更加生动和有趣。例如，可以在 prompt 中添加"文艺复兴风格"或"印象派风格"，AI 将会调用相应的技术，生成符合这些风格的图像。此外，还可以尝试添加其他艺术风格，例如写实主义、未来主义、抽象艺术等，以增加图像的多样性和创意性。这些风格的指令将会使 AI 更好地理解我们的需求，生成更加符合我们期望的图像。

以下是在 Midjourney 中经常被使用的艺术风格或流派。在我们开始实际应用之前，先来简单了解一下。

■ 4.1 文艺复兴

文艺复兴是欧洲历史上的一场思想文化运动，这一时期被认为是欧洲历史上最优秀和最具创造性的时期之一。文艺复兴时期的艺术家们通常主张对称美和比例美，通过高度的技术性和精细的细节来表现他们的作品。同时，文艺复兴时期的艺术家们也对古典艺术进行了深入的研究和探索，这些研究和探索对后来的欧洲艺术产生了深远的影响。文艺复兴时期有许多艺术家，比如伦勃朗、达·芬奇、拉斐尔、提香等，他们在自己的领域均有杰出的成就。

例如，文艺复兴时期的画家达·芬奇以其非凡的绘画技巧和独特的创意而闻名，他的代表作品包括《蒙娜丽莎》和《最后的晚餐》；米开朗基罗则以其雄伟的雕塑作品而著名，如《大卫》和《创世纪》；拉斐尔则以其充满生

▲ 图 4-1 提示词："The Birth of Venus" by Sandro Botticelli

命力和优美的绘画作品而闻名，如《西斯廷圣母》和《圣礼之争》；提香则以他的肖像画和历史画作品而著名，如《亨利八世的画像》和《天堂》。他们的作品不仅仅是艺术品，更是文化和历史的见证。这些作品展示了人类的想象力和创造力，这些作品的风格也通过AI 不断地获得演绎和重生（见图 4-1 和图 4-2）。

▲ 图 4-2　提示词：Oil portrait of David，Renaissance，Michelangelo style
（大卫油画肖像，文艺复兴时期，米开朗基罗风格）

■ 4.2　印象派

印象派是 19 世纪末至 20 世纪初西方绘画史的艺术流派。印象派的艺术家们通常使用明亮的色彩和明显的笔触来强调光线和天气的变化。印象派艺术风格的特点是通过捕捉和表现光线与色彩来创造独特的视觉效果，使观众产生一种轻盈、流畅和丰富的感觉。这种艺术流派的出现是当时许多艺术家们在追求真实主义和自然主义的过程中产生的。他们试图通过自然的表现和感性的表达来完美地诠释生命和自然的美好，将自己的情感和内心世界融入到他们的作品中，让观众能够更深入地思考和感受生命和自然的美好。

莫奈的《睡莲》和德加的《舞蹈课》等作品被认为是印象派的代表作品之一。这些作品通过细腻的色彩和明显的笔触，展现出了艺术家对自然的热爱和敬畏，使人们更加深入地思考和感受自然之美。此外，印象派的出现也引发了一股反传统美学的浪潮，为当时的艺术界带来了一种新的艺术风格，也为现代艺术的发展奠定了基础。

印象派的代表画家还有雷诺阿、塞尚、马奈、德加等。他们的绘画风格也大量出现在 Midjourney 的公共画廊当中，被人们广泛采用和模仿（见图 4-3 和图 4-4）。

▲ 图 4-3　提示词：an oil painting depicting the countryside，in the style of post-impressionist colorism，impressive

▲ 图 4-4　提示词：Farmhouse with thatched roof by Julie de Graag，Impressionist style panoramas，light beige and emerald，phoenician art，art nouveau organicity，holotone printing

▐ 4.3　立体主义

　　20 世纪初，立体派艺术家们开始以一种全新的方式来表现世界。他们的作品中强调了几何形状和平面色块的变化（见图 4-5 和图 4-6），这种方式在当时引起了轰动。他们的作品成了现代艺术的重要组成部分。随着时间的推移，人们对这个时期的艺术产生了更深入的了解，这些艺术家们的作品也逐渐得到了更多的欣赏。

　　今天，我们仍然可以欣赏到 20 世纪初立体派艺术家们的作品，并从中体会到他们的独特艺术风格和对世界的独特见解。毕加索（Pablo Picasso）和布拉克（Georges Braque）是这个时期的代表人物。立体主义的代表作品包括毕加索的《亚威农的少女》和布拉克的《静物与葡萄》。他们以几何形状和平面色块为表现手法，强调空间和形状的变化，并为现代艺术的发展做出了重要贡献。

▲ 图 4-5　提示词：Gino Severini's painting of a middle-aged man

　　除此之外，立体派艺术家们的思想和技术也对其他艺术领域产生了影响。例如，在建筑和设计中，人们开始更多地运用几何形状和平面色块。这些艺术家们的作品也激励了其他艺术家们探索新的表现方式，为艺术界带来了更多的创新和想象力。因此，20 世纪初立体派掀起的艺术运动不仅是当时的一种艺术风潮，更是现代艺术史上的一座里程碑。

▲ 图 4-6　提示词：The world seen by autistic technical cubism Georgy Kurasov

4.4 抽象表现主义

抽象表现主义是 20 世纪中期出现的一种艺术风格，代表人物有美国艺术家杰克逊·波洛克和马克·罗斯科。抽象表现主义的作品通常具有强烈的情感和运动感，以及大胆的笔触和颜色。它强调艺术家的自由表现，作品中的形式和颜色不再代表任何客观的事物，而是反映了艺术家的情感和意志。抽象表现主义的创作方式也很独特，通常是在画布上随意涂抹和滴洒颜料，使画面呈现出一种独特的纹理和质感（见图 4-7 和图 4-8），这样的创作方式也更加突出了艺术家的个人风格和创造力。

瓦西里·康定斯基是抽象表现主义的鼻祖，代表作品有"构图"系列和《点、线到面》等。他的画风强烈而感性，色彩鲜明，线条流畅。

杰克逊·波洛克是抽象表现主义的代表人物之一，他的作品以涂抹和滴洒颜料著称，创造出了一种独特的艺术风格。他的代表作品《无题》是一幅巨大的画作，他在画布上通过不停地滴洒和涂抹颜料创造出了一种独特的纹理和形态，这幅作品成了抽象表现主义的代表作之一。

马克·罗斯科是另一位抽象表现主义的代表人物，他的作品以红色、黄色和橙色等鲜明的颜色为主，创造出了一种独特的艺术风格。他的代表作品《第 36 号（黑色条纹）》是一幅极具动感和活力的画作，画面中充满了鲜艳的色彩和大胆的笔触，使人们感受到了艺术家的独特创造力和表现力。

▲ 图 4-7　提示词：The abstract expressionism art of a man, including mountains, rivers, streams, birds and vines. Peace and creativity

▲ 图 4-8　提示词：Person on cliff looking out, overcast sky, wind blowing, soft brushstrokes, muted colors, and abstract elements. Painted by Wassily Kandinsky and Joan Miró

■ 4.5 当代涂鸦

当代涂鸦是一种新兴的艺术形式，通常具有大胆的线条和鲜明的颜色，强调生动和有趣的形状和图案（见图 4-9 ～图 4-11）。它是由城市文化、街头文化、涂鸦文化等多种元素交织而成的，追求个性和创意的表现方式，深受年轻人的喜爱和推崇。

当代涂鸦的代表人物包括班克西（Banksy）、凯斯·哈林（Keith Haring）等艺术家。班克西是一位来自英国的涂鸦艺术家，他的作品通常具有反叛性和思想性，强调社会问题和政治意识。他的代表作品包括《毛球女孩》等。凯斯·哈林则是一位来自美国的涂鸦艺术家，他的作品通常具有简洁和图形化的特点，强调对社会和人类的关注和关怀。他的代表作品包括《戴鳄鱼面具的狗》和《驱动的小人》等。

▲ 图 4-9　提示词：surreal art by basquiat of a boy standing on edge of high building roof point, Holding a bouquet of flowers in his hand

▲ 图 4-10　提示词：Anthropomorphic happy and lovely male, Like a match, minimalist design, graffiti style, by Keith Haring

▲ 图 4-11　提示词：Street Graffiti Art

■ 4.6 赛博朋克

赛博朋克是一种科幻风格，强调现代科技和人类社会的关系。这种风格的作品通常具有高度的技术性和未来感，通过虚拟现实、网络和机器人等元素来创造出一个独特的世界观。赛博朋克出现在 20 世纪 80 年代，随着信息技术和计算机技术的发展，人们对未来世界和科技的探索也越来越深入。赛博朋克的艺术家们试图通过他们的作品来探索人类和科技之间的关系，以及科技如何影响人类的生活和社会。

赛博朋克风格的代表作品有《银翼杀手》和《黑客帝国》等电影，以及一些电子游戏和动漫等。这些作品通过虚拟现实和未来科技元素，创造出了独特的世界观和故事情节，使观众能够更深入地思考和感受未来世界的可能性和挑战。赛博朋克的艺术家们也试图通过他们的作品来反映当代社会和人类的现实问题，如政治、环境、人类关系等。他们的作品不仅仅是一种艺术形式，更是对当代社会和人类的一种思考和探索。

目前，赛博朋克风格逐渐成了现代文化的一部分。这种风格的元素和思想被广泛地应用在科幻小说、电影、音乐、时尚等领域。赛博朋克的艺术家们也在不断地创新和探索，为现代艺术的发展带来了新的方向和思考。

利用 Midjourney 生成的赛博朋克风格的作品如图 4-12～图 4-14 所示。

▲ 图 4-12　提示词：badass anime thrillpunk babe rides a cruise
missile through the sky like a skateboard wearing cyberpunk goggles,
dramatic, impossible, saturated contrast

▲ 图 4-13　提示词：Cat, cyberpunk, anthropomorphic, portrait

▲ 图 4-14　提示词：surreal gothic flowering plant, in the style of Giorgio de Chirico painting --q 2 --v 5

■ 4.7　超现实主义

超现实主义是 20 世纪初期在欧洲兴起的一种艺术流派，它的作品通常具有超现实和梦幻的特点，强调对人类潜意识和幻想的探索。这种艺术流派是在当时反传统和反理性的文化背景下产生的，它试图通过艺术的表现来突破现实和理性的束缚，探索人类内心世界的奥秘和未知领域。超现实主义的代表人物包括萨尔瓦多·达利（Salvador Dali）、雷尼·马格里特（René Magritte）等艺术家，他们的作品充满了神秘和不可思议的元素，通过超现实和梦幻的手法来创造出一个独特的艺术世界。

达利的代表作品包括《记忆的永恒》和《面部幻影和水果盘》等，可以使人们感受到艺术家对人类内心世界的深刻探索和思考。马格里特的作品强调人类的幻想和现实的关系，代表作品包括《戴圆顶硬礼帽的男子》和《夜的意味》《袭击》等。

利用 Midjourney 生成的超现实主义风格的作品如图 4-15、图 4-16 所示。

▲ 图 4-15　提示词：isolation, loneliness, introspection：surreal, dramatic, evocative, hyperdetailed:: by Tony Fitzpatric

▲ 图 4-16　提示词：Dreams and shattered，eternal life，soul thinking. Surrealist works.

4.8　新艺术运动

新艺术运动是 20 世纪初期在欧洲兴起的一场艺术运动，它试图通过艺术的表现来突破现实和传统美学的束缚，追求自由和创新的表现方式，如图 4-17 ～图 4-19 所示。

▲ 图 4-17　提示词：Bohemian street scene. Complex，retro line drawing style illustration，line art，soft and vivid colors，ink，high detail，Art Nouveau，printmaking style

新艺术运动的代表画家包括英国艺术家威廉·莫里斯、奥地利画家古斯塔夫·克里姆特等。他们的作品以超现实和幻想的手法为特点，通过大胆的线条和鲜明的色彩来表现艺术家的独特风格和创意。

莫里斯的作品融合了中世纪和自然主义的元素，强调手工制作和美学的重要性。他的作品涵盖了多个领域，包括纺织品、壁纸、家具、印刷品、插图和书籍装饰等。

古斯塔夫·克里姆特的代表作品包括《吻》和《黄金骑士》等，在这些作品中，作者通过大胆的线条和鲜明的色彩，创造出了一种独特的艺术风格和情感表达。

▲ 图4-18　提示词：Starry night mountain river, Mosaic-Deco-Art Nouveau, dan mumford, very detailed

▲ 图4-19　提示词：Psyche and her husband cupid love each other in the paradise, artwork by leyendecker, Alphonse Maria Mucha

4.9 未来主义

▲ 图 4-20 提示词：The city of Mulu，with endless dreams，shines in the light of the sun. Italian Futurism，Dan Mumford，Dali

▲ 图 4-21 提示词：A huge house made of conch，beautiful patterns，and a meadow full of wild flowers. Futurism，the color of fantasy.

未来主义是 20 世纪初期在意大利兴起的一场艺术运动，它试图将科技和现代化的元素融入艺术创作，强调未来的前景和创新的表现方式，其作品充满了科技和现代化的元素，以及独特的动态效果，如图 4-20 和图 4-21 所示。未来主义的艺术家们试图通过他们的作品来探索未来世界和科技的可能性，以及人类和科技之间的关系。

未来主义的代表画家包括安东尼奥·圣埃利亚（Antonio Sant Elia）等，他的作品以机械和建筑为主题，充满了现代化的元素和独特的视觉效果。另一位代表画家是乔治奥·德·基里科 (Giorgio de Chinco)，他是一位意大利画家和雕塑家，也是未来主义运动的重要代表人物之一。他以其独特的绘画风格和对机械化世界的表现而闻名。他的作品描绘了工业化和现代化的主题，展现了速度和动态感。未来主义的代表作品有圣埃利亚的《新城市》、德·基里科的《速度》等，这些作品充满了未来感和科技感，反映了未来主义艺术运动的主要特点和思想。

4.10　波普艺术

波普艺术是20世纪60年代在美国兴起的一种艺术风格，它强调消费文化和大众文化对于当代艺术的影响和作用。波普艺术的代表人物包括安迪·沃霍尔（Andy Warhol）、罗伊·利希滕斯坦（Roy Lichtenstein）等。

安迪·沃霍尔是波普艺术的代表人物之一，他的作品以商业广告、名人和消费品为主题，强调大众文化和消费文化对当代社会的影响。他的代表作品包括《金宝汤罐头》和《玛丽莲·梦露》等，这些作品通过大量重复和艳丽的颜色来强调消费品和名人的重要性和影响。

罗伊·利希滕斯坦也是波普艺术的代表人物之一，他的作品以漫画和广告为主题，同样强调大众文化和消费文化对当代社会的影响。他的代表作品包括《哭泣的女孩》和《流行》等，这些作品通过大量重复和鲜艳的颜色来强调漫画和广告对当代社会的影响和重要性。

波普艺术的特点是对大众文化和消费文化的关注和反思，它试图通过艺术来探索当代社会和文化的本质和特点。波普艺术的作品通常具有简单、明快和直观的特点，强调视觉冲击和艳丽的色彩，如图4-22～图4-24所示。波普艺术在当代艺术史上具有重要的地位和影响，它为当代艺术的发展带来了新的思考和方向。

▲ 图4-22　提示词：pop art poster image of a colorful tree frog

▲ 图4-23　提示词：pop art poster image of a colorful tree frog

▲ 图4-24　提示词：the city of Shanghai in pop art

■ 4.11 装饰艺术

装饰艺术（Decorative Arts）是 19 世纪末 20 世纪初在欧洲流行的一种艺术风格，它源于 19 世纪自然主义艺术，强调艺术作品的装饰效果和美感，追求华丽、富丽和极具装饰性的视觉效果，如图 4-25 和图 4-26 所示。相较于以前的艺术风格，装饰艺术不再局限于某一个具体的题材或内容，更加强调色彩、图案以及整体的构图布局。它融合了西方的现代主义艺术与东方艺术，形成了一种新的视觉表达方式。

装饰艺术的特点之一是强调美感和视觉效果，其作品通常是富有装饰性的，注重色彩和图案的组合，以及整体构图的布局。此外，装饰艺术强调艺术作品的装饰性，它的作品通常以华丽、富丽的视觉效果，吸引观众的注意力。它通过对色彩、图案、形状、纹理等元素的处理，创造出一种独特的装饰效果和美感，使观者具有身临其境的感觉，从而产生情感共鸣。

装饰艺术的代表画家有以下几位。

威廉·莫里斯（William Morris，1834—1896 年）是 19 世纪英国最重要的装饰艺术家之一。他是一位多产的设计师、作家和社会主义者，对装饰艺术运动的兴起和发展做出了巨大贡献。莫里斯的设计作品以其独特的花卉、植物和动物纹样而著称，他主张通过手工艺和自然材料来制作高质量的艺术品。他的作品不仅在装饰艺术领域有着广泛的影响力，而且对整个设计界产生了深远的影响。

▲ 图 4-25 提示词：cover album art，art deco

皮埃尔·普维斯·德·沙万（Pierre Puvis de Chavannes）：法国画家，擅长将花卉装饰图案与女性人物相结合，作品色彩艳丽，构图优美。代表作有《春之咏》和《希望》等。他是装饰主义绘画的重要代表。

古斯塔夫·克里姆特（Gustav Klimt）：奥地利画家，他的绘画融合装饰艺术与象征主义，线条华丽，图案重复，色彩金碧辉煌。代表作有《生命之树》和《吻》等。他是装饰艺术巅峰时期的代表。

▲ 图4-26　提示词：Photo shoot of a beautiful woman in
pop Art　Deco style，by Toulouse Lautrec，full body，soft

第5章

AI 绘画的原理是通过深度学习算法，让计算机学习人类艺术作品中的样式和风格，然后使用这些学习到的技能来生成新的艺术作品。这种技术的优点在于可以大大缩短艺术创作的时间和成本，并且可以生成更加多样化和独特的艺术作品。不仅如此，AI 绘画技术还可以通过对大量艺术作品的学习和分析，深入了解人类艺术史上的经典之作，并为未来的艺术创作和发展带来新的思路和可能性。AI 绘画技术的不断发展和创新，也在一定程度上延续了人类艺术创造的传统和历史。同时，由于 AI 绘画技术的开发和应用，还可以为艺术家们提供更多的灵感和创作方式，促进艺术的多样性发展和创新。

当使用 AI 来模仿曾经的艺术大师的风格来帮助我们进行创作时，从某种意义上来看，AI 仿佛复活了他们，使用他们的风格创作他们从未创作过的作品，让这些艺术形式在当下重新被激活，持续为我们创作出各种风格的艺术作品。

在我们使用艺术家们的风格进行创作之前，了解他们尤为重要。以下介绍的艺术家只是 Midjourney 中被引用最多的几位。相对于浩如烟海的画家、雕塑家、建筑师、电影大师、民间艺术大师等，还有更多的人需要我们去了解，以不断激活曾经存在过的灿烂文化。这样我们才能借助 AI 创作出更加丰富多彩的艺术作品，从而创造出一个前所未有的艺术时代。

■ 5.1 梵高

▲ 图 5-1　提示词：artwork by vanGogh

梵高（Vincent vanGogh）是一位出生于荷兰的后印象派画家。他的作品以明亮的色彩和粗犷的笔触闻名于世。他的作品强调感性的表现和情感的传达，如图 5-1 所示。他的作品风格受到了日本浮世绘和法国印象派的影响。他在生命的最后几年里，饱受贫困和孤独的折磨，但同时也创作了一些他最为著名的作品，如《星夜》和《向日葵》。这些作品现在被认为是西方艺术史上的经典之作，受到了广泛的赞誉和欣赏，并对 AI 作画产生了很大影响，如图 5-2 和图 5-3 所示。

▲ 图 5-2　提示词：illustration，Samantha Mash style，2d，simple colors，vanGogh

▲ 图 5-3　提示词：Dutch painter A photo of vanGogh's bedroom in Arles，sunshine through the window，sunflowers in the vase

■ 5.2　毕加索

▲ 图 5-4　提示词：A woman holding a cat in a cubist composition inspired by Pablo Picasso

▲ 图 5-5　提示词：dancing in mozambique, painted by Picasso, abstract contemporary art, muted colors

毕加索（Pablo Picasso）是西班牙现代艺术史上最著名的画家之一。他于 1881 年出生在西班牙的马拉加市，自小就展现出了极具天赋的艺术才华。他的父亲是一位艺术教育家，为他提供了良好的艺术启蒙。在成长的过程中，毕加索接受了来自西班牙、法国和意大利的不同艺术风格的影响。他的早期作品主要表现了传统艺术风格，但在他 20 岁左右开始，他的作品逐渐转向了抽象表现主义和立体主义的风格。这种创新的风格在当时极为前卫，强调对形式和空间的探索和表达，展现了他的创意和独特性，充满了个人风格和独特的视角。毕加索的画作常常包含着独特的图案和鲜明的颜色，这些元素被视为他艺术风格的重要组成部分，如图 5-4 和图 5-5 所示。他的创作技巧和风格深受许多艺术家的影响，成为西班牙现代艺术史上的重要人物。除了是一名画家，毕加索还是一位雕塑家、陶艺家和诗人。他的创作才华也不仅仅局限于艺术领域，他还对社会和政治问题表现出了浓厚的兴趣。对于他的艺术成就，许多评论家认为他的作品和思想深刻地影响了 20 世纪的艺术潮流，为现代艺术的发展作出了重要贡献。

5.3　达利

达利（Salvador Dali）是西班牙超现实主义画家，他的作品不仅在艺术史上占有重要地位，而且在现代艺术领域中也扮演着重要的角色。他的作品通常具有超现实主义的艺术手法，强调对梦境和幻想的表现，以及对时间和空间的扭曲和变形。其中，他的代表作品《记忆的永恒》《波特黎加特圣母像》《坚持的神话》等，更是在艺术史上留下了深刻的印记。在达利的作品中，我们可以看到他对自我意识和情感的深刻探索。他善于将自己的梦境和幻想转化为作品中的元素，并通过这些元素来表达自己对生命、死亡、爱、宗教和政治等主题的思考和感悟。同时，他对时间和空间的扭曲和变形，也让我们感受到了他对现实世界的挑战和批判。在他的作品中，我们看到了一个艺术家对自我和世界的不断探索，以及对人类内心深处的关注和反思。除此之外，达利还常常运用象征和隐喻等手法来表达自己的思想和情感。例如，《坚持的神话》是达利在晚年创作的一幅作品，也是他对《记忆的永恒》的重新演绎。在这幅作品中，他将钟表融化的形象延伸到了一个岩石上，岩石上生长着树木和昆虫。这幅作品传达了一种更深层次的意义，探讨了时间、记忆和自然界的关系。总的来说，达利是一位伟大的艺术家，他的作品不仅在艺术史上留下了不可磨灭的印记，而且在当今的艺术领域中，也继续发挥着重要的影响力。他的作品强调情感和心理的表达，反映了人类内心深处的思考和感悟，是一种对现实和理想的探索和反思，如图5-6和图5-7所示。

▲ 图5-6　提示词：Huge lilies grow in the desert，pythons wrap around a dead tree，and cotton floats in the air，by Dali

▲ 图5-7　提示词：Unrealistic fantasies. By Dali

■ 5.4 莫奈

　　莫奈（Claude Monet）是一位非常著名的法国印象派画家。他的画作通常使用印象派的风格，特别注重捕捉和表现光线和色彩，并通过感性表达的方式来展现自然景色，如图5-8和图5-9所示。他的作品展现了大自然的美丽和细微之处，而且这些画作也在不同的国家和地区得到了广泛的欣赏和赞誉。除此之外，他的作品也影响了后来的艺术家，成为印象派艺术的代表之一。莫奈的作品不仅仅是艺术创作，同时也代表了一种对自然的热爱和关注。他在画作中捕捉到了自然界中一些微妙的变化和细节，使人们更加关注和珍视自然的美丽。他的作品通常使用明亮鲜艳的色彩和轻柔的笔触，给人一种优美、柔的感觉。除了印象派的风格，莫奈也尝试过其他不同的艺术风格。例如，他在晚年的时候开始创作"睡莲"系列画作，这些画作注重色彩和形式的表现，也更加抽象和模糊，给人一种深沉、静谧的感觉，展现了莫奈在艺术上的多样性和创新性。总的来说，莫奈是一位非常杰出的艺术家，他的作品不仅在当时就受到了广泛的赞誉，而且在今天依然具有非常高的艺术价值和影响力。他的艺术风格为后来的艺术家提供了很多启示和借鉴，如图5-10所示。

▲ 图 5-8　提示词：The Girl in the Garden - A young girl sits amongst the flowers and leaves in a vibrant and colorful garden，her expression one of peace and serenity. Artist: Claude Monet

▲ 图 5-9　提示词：Monet's Water Garden and the Japanese
Footbridge，Claude Monet

▲ 图 5-10　提示词：racoon brushing his teeth，pink wallpaper，
oil painting in the style of edward munch and Claude Monet

5.5 克里姆特

　　克里姆特（Gustav Klimt）是奥地利象征主义画家的代表人物之一，他的作品被称为绘画艺术中的珠宝。他的独特艺术风格和表现手法深受人们的喜爱和赞誉。他在艺术作品中经常运用金色和花朵图案，这些元素常常被用来表达他对女性形象的探索和表现。他的作品通常具有强烈的装饰性和象征性特点，以及强烈的个性风格，这使他的绘画作品成为艺术史上的经典之作。克里姆特的绘画风格独特，常常将不同的艺术元素和风格相融合，从而呈现出令人惊叹的艺术作品。他的作品包括肖像画、风景画和以神话和宗教为主题的作品，著名的作品有《吻》和《女性肖像》等。他的作品以独特的视角和表现手法展现出了他对人性和自然的思考和探索。克里姆特的艺术作品往往能够表现出一种强烈的情感和内涵，表达出了对生命和爱情的思考和表达。他通过绘画作品，让人们深刻地认识到了人类内心深处的情感世界。他的作品具有强烈的表现力和创造力，不仅让人们感受到了艺术的美感，也让人们更加深入地思考人类的内心世界。如图 5-11、图 5-12 和图 5-13 所示为混搭克里姆特风格的作品。

▲ 图 5-11　提示词：Adele Bloch-Bauer background，Gustav Klimt's artwork remixed

▲ 图 5-12 提示词：cat，woman，icon，painting，Klimt

▲ 图 5-13 提示词：sunflowers in the garden by Gustav Klimt，in the style of automatism，arbeitsrat für kunst，vienna secession，punctured canvases，large-scale paintings

■ 5.6 徐悲鸿

▲ 图 5-14　提示词：Chinese ink landscape painting，in style of Xu Beihong

徐悲鸿是一位中国现代画家，他在20世纪的艺术界扮演了重要的角色。他的作品通常具有写实和表现主义的风格，强调对中国传统文化和美学的传承和发扬。在他的画作中，我们可以看到对各种主题的探索，包括动物、花卉和风景，如图5-14所示。特别是他对马和牛的表现和探索是他作品中的重要部分，这些作品强调了他对自然和生命的热爱，如图5-15所示。例如，他的作品《骏马图》和《马》都是他对马的表现和探索，这些作品中的马具有中国传统文化的象征意义，代表着力量、速度和自由。

▲ 图 5-15　提示词：The Running Horses，in style of Xu Beihong

5.7 齐白石

齐白石是中国近现代书画家、书法篆刻家。他在青年时期开始对绘画产生浓厚的兴趣，尤其是对写意和民间艺术的形式感到着迷。他的作品注重对自然和生活的观察和感悟，并通过对花鸟虫鱼和山水的表现和探索，表达出了深厚的情感和艺术创造力，如图5-16和图5-17所示。齐白石一生创作了数千幅作品，其中包括绘画、书法、篆刻和印章等。他的作品曾在国内外多次展出，并荣获了许多奖项和荣誉。他的作品给人明朗、清新、生气勃勃之感，并具有鲜明的民族特色、达到了形神兼备、情景交融的境界。

▲ 图5-16 提示词：A bird is standing on the bamboo, Chinese ink wash painting, in style of Qi Baishi

▲ 图5-17 提示词：crab on the beach, ink wash, Chinese art style, in style of Qi Baishi

■ 5.8 葛饰北斋

▲ 图 5-18　提示词：Katsushika Hokusai's bird

葛饰北斋（Katsushika Hokusai）是日本浮世绘画家中最具代表性的人物之一。他的作品通常具有写意和表现主义风格，强调对自然和生活的观察和感悟，以及对动物和人物的表现和探索，如图 5-18 和图 5-19 所示。他的代表作品有《神奈川冲浪里》和《富岳三十六景》等，以其独特的艺术风格和独特的表现力，在日本美术史上给人们留下了极为深刻的印象。葛饰北斋的绘画风格充满了生命力和力量，他的作品给人以强烈的感受，同时也展现了他对自然和生活的深刻理解。他的作品不仅仅是为了表现事物本身，更是为了表达他心中的情感和思想。他的作品以独特的视角和艺术风格，以及对自然和生命的热爱和探索，成为日本艺术文化的重要组成部分。

▲ 图 5-19　提示词：norwagian coastline，Katsushika Hokusai

5.9 宫崎骏

宫崎骏（Miyazaki Hayao）是日本著名的动画电影导演。他的作品涵盖了各个年龄层，内容从童话故事到科幻冒险，从浪漫爱情到社会现实等各个方面，如图 5-20 和图 5-21 所示。他的代表作品包括《龙猫》《天空之城》《千与千寻》《哈尔的移动城堡》《风之谷》等。这些作品充满了想象力和创造力，展现了宫崎骏对自然、人性和社会的深刻思考和感悟。他的作品在世界范围内都受到了广泛的欣赏和赞誉，为日本动画电影的发展做出了重要的贡献。同时，宫崎骏也因其杰出的贡献而获得了许多荣誉和奖项，包括奥斯卡终身成就奖等。总的来说，宫崎骏是一位非常杰出的导演和艺术家，为观众带来了无穷的思考和感悟。

▲ 图 5-20 提示词：Cognitive and affective dynamics of the environmental self，by Miyazaki Hayao

▲ 图 5-21 提示词：screengrab，studio ghibli anime movie，portal to the past

5.10　穆夏

穆夏（Alphonse Maria Mucha）是一位捷克艺术家，他在 19 世纪末 20 世纪初期的艺术界扮演了非常重要的角色。他是一位非常杰出的画家、插画家和广告设计师，他的作品通常具有良好的比例和对称性，以及流畅的线条和优美的形式。他的代表作品包括各种插画、海报和装饰艺术品，其中著名的作品有《四季》《一日时序》《宝石》和《吉斯蒙达》等。他的作品常常运用花卉、女性形象和神话主题等元素，以富有装饰性和象征性的手法展现了生命的美丽和神秘，如图 5-22 和图 5-23 所示。他的作品还强调了艺术与实用的结合，为广告设计和市场营销领域提供了很多启示和借鉴。总的来说，穆夏是一位非常杰出的艺术家，他的作品不仅在当时受到了广泛的欣赏和赞誉，而且在今天依然具有非常高的艺术价值和影响力。

在 AI 创作方面，这些艺术家的风格同样可以作为创作的灵感来源。例如，可以使用 Midjourney 来模拟这些艺术家的绘画风格，并生成符合其风格的图像和作品。此外，可以使用 Midjourney 来探索这些艺术家的作品风格的特点和规律，并将其应用于创作中，以实现更好的艺术效果。

▲ 图 5-22　提示词：Iris and Beautiful Girl Painted by Mucha

▲ 图5-23　提示词：face, flowerpunk, Intricate detail, baroque, Mucha, art nouveau, Hyperdetailed

5.11　马蒂斯

马蒂斯（Henri Matisse）是 20 世纪法国野兽派画家的代表人物之一。他的作品以鲜艳的色彩和简单的线条为特点，强调色彩和形式的表现，常常运用鲜艳的色块和简单的线条来表现形式和空间。他的代表作品包括《舞蹈》《生活的欢乐》《红色工作室》等，这些作品不仅注重对形式和空间的表现，更展现了他对生命、自然和美的热爱和探索。他的艺术风格独特，为现代艺术的发展作出了重要的贡献。

马蒂斯的作品在早期受到了印象派的影响，但是后来他逐渐发展出了自己独特的艺术风格，这种风格强调色彩和形式的表现，而不是对物象的具体描绘。他的色彩运用非常大胆，常常使用鲜艳的颜色和大面积的色块来表达情感和形式。他的线条也非常简单，但是却非常精准和有力，能够表现出形式和空间的感觉，如图 5-24 和图 5-25 所示。

▲ 图 5-24　提示词：Wild lilies blooming quietly in thevalley. Fauvism, by Henri Matisse

▲ 图 5-25　提示词：interior design of a room: art by Henri Matisse

马蒂斯的代表作品《舞蹈》是一幅描绘舞蹈的作品，整个作品由几个不同身体形态互相重叠的人物组成，这些人物的线条非常简单，但是却表现出了动感和生命力。这幅作品使用了一些非常鲜艳的颜色，如红色、黄色和蓝色等，这些颜色的搭配非常和谐，能够表现出作品的整体感觉。

除了《舞蹈》，马蒂斯的另外两幅代表作品是《生活的欢乐》和《红色工作室》。《生活的欢乐》是一幅描绘女性的作品，整个作品的色彩非常鲜艳，使用了大量的红色和黄色等颜色，能够表现出女性的柔美和生命力。《红色工作室》则是一幅描绘室内的作品，整个作品的色调非常暖和，使用了一些暖色系的颜色，如红色、黄色和棕色等，能够表现出室内的温馨和舒适。

总的来说，马蒂斯是 20 世纪最具有代表性的画家之一，他的作品风格独特，色彩鲜艳，线条简单而有力。他的作品不仅对现代艺术的发展产生了深远的影响，而且也是人们心目中的艺术经典之一。

Chapter 6

从铅笔到油画——绘画方式的选择

第6章

在艺术史上，绘画方式的选择一直是艺术家们关注的重点。绘画是一种通过色彩、线条、形状、质感等视觉元素来表现艺术家情感和思想的艺术形式。不同的绘画方式有着各自的特点和表现方式，从简单的铅笔画到绚丽多彩的油画，从传统的水墨画到现代的数字插画，每一种绘画方式都有着自己的魅力和表现力。

在人类文明的发展过程中，绘画方式也在不断地演变和创新。从古代的壁画和石窟艺术，到文艺复兴时期的油画，再到现代的数字插画，每一种绘画方式的出现都代表着一种艺术风格和时代特色。每一位艺术家都有着自己独特的风格和表现手法，他们通过自己的艺术创作为世界带来了无数的精彩作品。

除了传统的绘画方式，现代技术的进步也为绘画提供了更多的可能性。数字插画、3D 绘画、VR 绘画等技术的出现，让绘画的表现方式更加多样化和丰富化。数字插画是一种充满创意和挑战性的艺术形式，其应用前景广阔，值得关注和学习。3D 绘画则可以为艺术家提供更加生动逼真的视觉效果，让观众可以更加深入地感受艺术家想要表达的情感和思想。VR 绘画则可以让观众更加身临其境地感受绘画作品，让艺术家的创作更加贴近现实生活。

Midjourney 提供了广泛的绘画方式，可以让你根据需求选择不同的方式来生成图像，使它们更加生动有趣，如素描、彩铅、水彩、油画、版画、中国画、漫画、素描动画和数字插画。除了这些常见的绘画方式，还有许多其他的绘画和艺术表现形式等待我们在 AI 的引导下继续探索和学习。我们相信，通过不断的学习和创新，这些新的表现方式将成为我们与 AI 工具协同创作的重要手段。因此，我们认为在使用 Midjourney 进行设计和创作时，可以尝试新的绘画方式和技术，发掘更多的创意和可能性。

■ 6.1　素描

素描是绘画的基本技法之一，也是其他绘画技法的基础。它通过线条的变化和运动来表现物体的形态、结构、质感和空间关系等。因此，素描是表现物体的形态和结构的重要手段。同时，素描也是其他绘画技法的基础，例如油画、水彩等。

素描可以用于创作插图、漫画、动画等多种形式的艺术作品。在 Midjourney 中，你可以选择不同的线条和运动方式来生成符合你需求的素描动画。这些线条和运动方式包括粗细、曲直、虚实、明暗、阴影等。通过调整这些参数，可以使你的素描图像更符合你的预期。有一些素描大师的作品也值得一提。例如列奥纳多·达·芬奇（Leonardo da Vinci）、米开朗基罗（Michelangelo）、阿尔布雷特·丢勒（Albrecht Dürer）等人。他们都是素描艺术史上的重要人物，通过自己的艺术创作为世界带来了无数的精彩作品。

他们的作品不仅仅是艺术品，更是对人类文明和自然世界的深刻思考和表达。如图 6-1 ～
图 6-3 所示。

▲ 图 6-1　提示词：a hight tech kitchen sketch，colored cabinets，interior lighting，flowers，a lot of
details，real estate photography，ultra-wide shot，shot on Canon EF 85mm f/1.8 USM Prime Lens

▲ 图 6-2　提示词：A sketch of an elderly man in
style of Albrecht Dürer

▲ 图 6-3　提示词：oil sketch，Under the birch
tree，a bear is playing

■6.2 粉彩

　　粉彩是一种非常古老的绘画颜料，它可以用于绘制肖像、风景、花卉等多种主题的作品。粉彩的特点是色彩柔和、渐变自然，常常运用淡雅的色彩和柔和的线条来表现物体的形态和质感。粉彩绘画的主要材料是彩色粉末和纸张，绘画时需要用到特殊的粉彩笔和刷子。粉彩绘画的历史可以追溯到 18 世纪，当时它在欧洲广泛流行。19 世纪，粉彩在日本也得到了广泛的应用和发展，成为日本绘画艺术中的重要组成部分。粉彩绘画的代表作家有玛丽·卡萨特（Mary Cassatt），代表作品有《母亲的拥抱》和《洗澡的女孩》等。玛丽·卡萨特是 19 世纪末 20 世纪初期的美国女画家，她主要擅长绘制母婴肖像和家庭场景。她的作品通常具有温馨、柔和的色彩和线条，以及对母性和家庭生活的深刻理解和表现。其中，《母亲的拥抱》和《洗澡的女孩》等作品以其精湛的绘画技法和深刻的主题感染了无数观众，成为粉彩绘画中的经典之作。如图 6-4 ～图 6-6 所示为粉彩作品。

▲ 图 6-4　提示词：a pink cat，in the style of Toulouse Lautrec，colorful pastel drawing，cobalt accent

▲ 图 6-5　提示词：A young beautiful girl wearing a necklace, earrings and a hat，pastel，Modern，Rene Magritte style

▲ 图 6-6　提示词：A blooming daffodil flower by the stream, painted in pastel，by Zao Wou-Ki

■ 6.3 水彩

水彩画是一种用透明颜料作画的绘画方式，它通过色彩和透明度的变化来表现物体的形态和质感。在水彩画中，画家可以使用水彩颜料、水和纸张来创造出各种各样的效果，例如渐变、糊状、飞溅、滴漏等。水彩画的色彩通常比较清淡，但是可以通过层次和混合来表现出更加丰富的色彩效果。水彩画的历史可以追溯到古代文明时期，但是它的发展真正开始于 18 世纪。19 世纪，水彩画逐渐成为一种独立的绘画形式，并受到了许多艺术家的青睐。知名的水彩画家包括威廉·特纳（William Turner）、约翰·辛格·萨金特（John Singer Sargent）、保罗·塞尚（Paul Cézanne）等。威廉·特纳是英国杰出的水彩画家之一，他的作品以壮观的自然风景和丰富的色彩为特点；约翰·辛格·萨金特则是美国著名的水彩画家之一，他的作品充满了生命力和运动感；保罗·塞尚则是法国印象派的代表画家之一，他的水彩画充满了生动的光影效果和清新的色彩，水彩画代表作品包括《花瓶和水果篮》和《圣维克多山》等。如图 6-7 ～图 6-9 所示为水彩画作品。

▲ 图 6-7　提示词：generate a watercolour-style illustration of A middle-aged chinese woman stood in a dazzling vegetable market，holding cucumbers and carrots in her hand，and was bargaining with the vegetable vendor，the illustration

▲ 图 6-8　提示词：On the lawn of the campus in spring, there are a few wild flowers scattered，and in the distance are several big trees. Watercolor style，vivid colors

▲ 图 6-9　提示词：soft watercolour style，Coby Whitmore ink painting，flat design aesthetic，an art deco asian lady should have a flat design aesthetic，by Coby Whitmore

■ 6.4 油画

油画是一种被人们广泛使用的绘画方式，通过使用颜色、质感等元素表现物体的形态和光影效果，从而达到表现力强、富有感染力的艺术效果。油画的历史可以追溯到古希腊时期，但真正兴起始于文艺复兴时期。当时的艺术家们开始使用油彩作为一种新的绘画媒介，从而创作出了一系列非凡的艺术作品。油画非常适合创作细腻、富有层次感的图像，同时也可以使用大胆的线条和充满冲击力的色彩。这使得油画成为艺术家们表现自己创意和想象的重要媒介之一。在油画创作中，艺术家们可以使用各种不同的技巧和方法，例如拓印、点彩、压线等，以表现出不同的笔触和纹理。此外，他们还可以使用不同的颜色和质感来表达不同的情感和意象。这一点，在 Midjourney 中我们一样可以尝试运用，体会到创作一幅油画的巨大成就感。全世界知名的油画家不胜枚举，如达·芬奇（Leonardo da Vinci）、毕加索（Pablo Picasso）、梵高（Vincent vanGogh）、莫奈（Claude Monet）、保罗·塞尚（Paul Cézanne）、爱德华·霍普（Edward Hopper）等，也可以说油画是西方艺术的主要表现形式之一，具有非常重要的地位。

这些油画家的作品风格各异，但都在不同程度上影响了现代绘画的发展和演变。如图 6-10～图 6-12 所示为油画风格的作品。

▲ 图 6-10　提示词：a lonely woman, yellow dress, nightime, outside cafe, contemplating, olipainting by Edward Hopper, Norman Rockwell

▲ 图 6-11   提示词：Oil matte painting，glazed，saturated，Autumn Birch Trees in a beautiful mossy swamp with large rocks，dappled sunlight，cinematic lighting

▲ 图 6-12   提示词：A vase of flowers，abstract art，minimalist，oil painting

■ 6.5 中国画

中国画是一种独具特色的传统绘画方式，它是通过线条和对墨色的运用来表现物体形态和情感的艺术形式。中国画的历史可以追溯到中国古代，它已经有着几千年的悠久历史。中国画与西方绘画有着很大的不同，它强调的是线条的变化和流畅，而不是色彩的变化。因此，中国画是一种非常独特和富有个性的艺术形式。在 Midjourney 中，提供了许多不同的线条和墨色供选择，从而使利用它创作的中国画作品更加独特和富有个性。用户可以选择不同粗细的线条和不同深度的墨色，以及添加各种不同的图案和元素，以便更好地表现创作的作品。

中国知名的水墨画家有很多，下面介绍其中的几位及其风格。张大千是 20 世纪中国最具代表性的水墨画家之一，他的作品以笔墨精湛、构图独特、意境深远而著称。他的作品涵盖了山水、花鸟、人物等多个题材，其中尤以他的山水画最为著名。他的作品充满了自由、豪放、气势磅礴的艺术风格，被誉为"大千风范"。吴昌硕是我国近、现代书画艺术发展过渡时期的关键人物。他的作品以花鸟画和山水画为主，以精湛的笔墨和独特的构图风格著称。他的花鸟画以形态传神、色彩鲜艳、清新淡雅为特点；他的山水画则以气韵生动、构图平衡、意境深远为特点。齐白石是 20 世纪中国著名的画家和书法家，他的作品以花鸟画和山水画为主，以自由奔放、意境深远、笔墨豪放为特点。他的花鸟画以形态传神、笔墨清新、色彩鲜艳为特点；他的山水画则以构图奇特、气势磅礴、笔墨豪放为特点。

这些中国知名的水墨画家各具特色，但都以笔墨精湛、意境深远、风格独特而著称。他们的作品不仅具有很高的艺术价值，也是中华文化的重要组成部分。如图 6-13 ～图 6-15 所示为中国画作品。

▲ 图 6-13　提示词：A bird is standing on the bamboo, Chinese ink wash painting, in style of Qi Baishi

▲ 图 6-14 提示词：Chinese splash-ink landscape painting, divine orange and dark green, in style of Zhang Daqian

▲ 图 6-15 提示词：a chinese painting of a woman sitting on the ground，in the style of organic abstraction，light orange and dark emerald，hanging scroll，expressive mark-making，cherry blossoms，colorful figures，subtle paleness

6.6 版画

版画是一种通过刻画和印刷来表现图像的绘画方式，它是一种高度技术性的艺术形式，需要艺术家精湛的技巧和对材料的深刻理解。在版画中，艺术家使用各种刻刀和刻刀技巧在树脂或木板上刻画图案，然后使用墨水或颜料在版面上印刷出图像。在版画中，艺术家可以使用多种不同的材料和工具来制作图像。例如，木刻版画使用木板作为版面，手工雕刻出图案。版画家可以使用刻刀、凿子和其他工具来刻出图案，刻刀的大小和形状决定了线条的宽度和细节程度。铜版画使用铜板作为版面，版画家可以使用蚀刻技术或干针技术在铜板上刻出图案。在蚀刻技术中，版画家使用酸蚀剂将图案蚀刻在铜板上，而在干针技术中，版画家使用针刺穿铜板来刻出图案。石版画则使用石板作为版面，版画家也可以使用刻刀和其他工具在石板上刻出图案。除了传统的版画技术，现代的数字化技术也为版画家提供了更多的创作选择。例如，版画家可以使用数字化设备来创作图案，并使用打印机将图像印刷到版面上，从而制作出数字版画。数字版画的制作流程更加简便，可以快速制作出复杂的图像。总的来说，版画是一种非常有趣和富有创造力的艺术形式，它可以用来表达艺术家的想法和情感。Midjourney 提供了许多不同的版画技术和工具，使用户可以轻松地制作出自己所需的版画图像。无论是想要制作海报、艺术品还是其他类型的图像，Midjourney 都可以帮助你实现你的创意。如图 6-16 ～图 6-18 所示为版画作品。

◀ 图 6-16 提示词：In the frozen northern forest, the mother fox held the little fox's hand and looked at each other. Reflect the warm affection in the snow, woodblock, by James Jean and studio ghibli and lisa frank and hokusai

▲ 图 6-17 提示词：A fantastic tree full of golden fruits grew from Adam's belly. woodcut artwork in the style of Eugene Grasset

▲ 图 6-18 提示词：linocut style，very simple，seagull stood on a post with sea in background --q 2

6.7 拼贴画

拼贴画是一种以剪贴、拼接或组合各种素材来创作图像的艺术形式。它可以用来表达各种不同的主题和情感，通常包括各种材料，例如纸张、布料、照片、绸带、碎片、塑料等。艺术家可以运用自己的创意和想象力，将各种素材组合成具有独特风格和意义的图像。代表作家有罗伯特·劳森伯格和汉娜·霍克。罗伯特·劳森伯格是一位美国的拼贴画艺术家。他的作品以大胆的颜色和纹理为特点，通常包括各种各样的素材和图案，代表作品有《混合媒介画作》（Combines）系列和《床》（Bed）等。汉娜·霍克是一位德国的拼贴画艺术家。她的作品以简洁的风格和鲜明的色彩为特点，运用各种不同的纸张和图案创作出了独特的艺术作品，代表作品有《剪贴簿》和《爱》等。如图 6-19 ～图 6-21 所示为拼贴画作品。

▲ 图 6-19　提示词：Create a collage portrait painting about a woman making deep eye contact，that captures the intense nature of eye contact. Use a variety of materials and textures to create an underground，graffiti-inspired aesthetic.

▲ 图6-20　提示词：Van Gogh-inspired self-portrait & sunflower remixed collage artwork, vintage illustration

▲ 图6-21　提示词：fashion collage, mixed media, colorful, unique, multiple patterns, magazine pieces collage, fashion

除了前面提到的绘画方式，还有其他一些常见的绘画或艺术方式。

① 漫画：一种独特的艺术形式，它不仅仅是一种绘画方式，还是一种表达故事和情感的形式。在 Midjourney 中，可以使用多种不同的漫画创作形式来表达你的创意和想法。例如，使用连环画的方式来构思和表达故事情节。连环画是一种通过多幅画面来表达故事的形式，每一幅画面都有自己的主题和情节，通过这些画面的串联和衔接，来展示一段完整的故事。另外，你还可以使用漫画册的形式来创作漫画。漫画册是一种将多个故事或章节组合在一起的形式，它可以让读者更好地理解漫画的主题和情节。此外，你还可以使用漫画条的形式来表达故事情节。漫画条是一种长条状的漫画形式，它可以让你在一个画面中表达一个完整的故事情节。无论你选择哪种漫画形式，Midjourney 都可以帮助你实现你的创意和想法，创作出最好的漫画作品。

世界知名的漫画大师有手冢治虫、罗伯特·克鲁姆（Robert Crumb）和威尔·艾斯纳（Will Eisner）等。手冢治虫是日本著名的漫画家，被誉为"漫画之神"，代表作品有《铁臂阿童木》《森林大帝》等；罗伯特·克鲁姆（Robert Crumb）是美国著名的漫画家和插画家，他的作品通常以黑色为主色调，富有浓厚的幽默和讽刺意味，代表作品有《弗里茨猫》（Fritz the Cat）等；威尔·艾斯纳是美国著名的漫画家和插画家，被誉为"漫画之父"，代表作品有《神的契约》和《闪灵侠》等。如图 6-22 ～图 6-24 所示为不同的漫画画面，如图 6-25 所示为 Midjourney 生成的漫画画面。

▲ 图 6-22

▲ 图 6-23

▲ 图 6-24

▲ 图 6-25

A 12-year-old Canadian boy with short blond curly hair, blue eyes, thin lips and a bit fat foreign boy, wearing blue and white short sleeves and blue and white sneakers. Love to laugh, Disney and Pixar animation style --ar 2:3 --niji 5

②　数字插画是一种通过数字工具和技术来创作和表现图像的绘画方式。数字绘画随着数字技术的发展而日益流行。数字绘画可以用于绘制各种类型的图像,如卡通、自然风景、人物素描、科幻等。数字绘画的优点是可以使用各种颜色、笔刷和图层等工具,可以进行无限次数的编辑和修改。在数字插画中,艺术家可以使用各种数字绘画软件和工具来生成符合需求的数字图像。数字插画的应用范围非常广泛,包括广告设计、动画制作、电影特效、游戏开发等领域。数字插画代表画家有很多,其中比较著名的有克雷格·穆林斯(Craig Mullins)、安德鲁·琼斯(Andrew Jones)、洛伦斯·雅各布斯(Lawrence Yang)等。这些画家在数字插画领域有着卓越的成就,其作品风格多样,精美绝伦。克雷格·穆林斯是数字插画领域的先驱之一,他在《最终幻想》《星球大战》等游戏中的作品备受称赞;安德鲁·琼斯则以其充满科技感和未来感的作品而著名,他的作品被广泛应用于科幻电影、游戏等领域;洛伦斯·雅各布斯则以其清新、自然的风格和独特的色彩搭配而受到欢迎,他的作品在艺术展览和文化活动中被广泛展出。总之,数字插画是一种充满创意和挑战性的艺术形式,其应用前景广阔,值得关注和学习。如图6-26～图6-28所示为数字插画作品。

▲　图6-26　提示词:Digital Illustration by Moebius

▲ 图 6-27　提示词：adorable kawaii vaporwave rabbit-themed fashion，beautiful digital illustration by Naoto Hattori and　Yoshitomo Nara and Ray Caesar and Studio Ghibli

▲ 图 6-28　提示词：a 19th century surreal Navy frigate in DMT colors squaring off against a sparking flying saucer in abtract waves and white caps，Digital Illustration

③ 儿童插画是一种以绘画和图像为主要表现手段的艺术形式，旨在为儿童读物和教育材料等提供视觉上的补充和支持。作为儿童文学的重要组成部分，插画的起源可以追溯到 19 世纪末期的欧洲。当时，儿童读物的市场需求不断增长，出版商开始在儿童读物中加入插画，以吸引孩子们的注意力。随着科技的发展和社会的进步，插画在 20 世纪逐渐成为一种独立的艺术形式，呈现出多样化的流派和风格。在插画中，不同的流派和风格都有着不同的特点和表现方式。例如，欧洲的插画流派注重细节和写实性，而美国的插画则更加注重色彩和形式的表现。在风格方面，有些插画家注重表现人物的情感和性格，而有些则注重描绘环境和氛围。总的来说，插画的特点是色彩鲜艳、形式生动、主题轻松有趣。通过图像的形式，插画可以帮助儿童更好地理解和接受知识，同时也能够激发他们的想象力和创造力。

全世界知名的儿童插画家有艾瑞克·卡尔（Eric Carle）、汉斯·克里斯蒂安·安徒生（Hans Christian Andersen）、莫里斯·森达克（Maurice Sendak）、安东尼·布朗（Anthony Browne）、乔治·勒米（Georges Remi）等。如图 6-29 ～图 6-32 所示为儿童插画作品。

▲ 图6-29　提示词：children's illustrate，a 10 years old happy and curious african school girl with black African pigtail and red sports and Denim vest and blue shoes，full body portrait，in the style of of Disney and Pixar

▲ 图6-30　提示词：A lovely girl is playing with a black dog on the grass，artwork by Quentin Blake，by Tony DiTerlizzi，by Carl Larsson

▲ 图 6-31　提示词：child and chicken in garden illustration，in the style of whimsical children's book illustrations，colorful animation stills，dark emerald and white，birds & flowers

▲ 图 6-32　提示词：Two lovely Chinese primary school students stand on the campus，children's book illustration by sophie blackall

④ 摄影是一门通过摄影技术来表达艺术创意的艺术。在摄影过程中，摄影师运用光线、构图、色彩等各种技巧，通过拍摄静物、人物或风景等对象来表达他们的创意和思想。与传统绘画艺术不同，摄影艺术更加注重现实的呈现和表达，通过真实的视觉感受来传达作者的情感和思考。同时，摄影艺术也具有艺术性和美学价值，可以被视为一种独特的艺术形式。在艺术院校中，摄影艺术通常被视为一门重要的课程，培养学生的创意思维和艺术表现能力，同时也让学生更深入地了解摄影的历史和技术，从而更好地掌握摄影艺术的精髓。全球知名的摄影赛事或展览有世界新闻摄影大赛（World Press Photo）、美国摄影学会年度摄影大展（American Photography Annual）、英国皇家摄影学会国际摄影展（The Royal Photographic Society International Photography Exhibition）、法国阿尔勒国际摄影节（Voies Off Arles International Photography Festival）、中国国际摄影大赛（China International Photography Contest）、英国泰勒 - 韦新摄影奖（Taylor Wessing Photographic Portrait Prize）。

这些赛事和奖项都是摄影艺术领域的盛事，吸引了来自世界各地的摄影师参与和展示他们的作品。通过这些赛事，人们可以更好地了解和欣赏摄影艺术的精髓和魅力。同时，当我们在 Midjourney 的 prompt 中输入这些赛事的获奖作品这样的指令时，摄影风格的作品通常会有更好的表现。如图 6-33 ～图 6-35 所示为摄影风格的 AI 作品。

▲ 图6-33　提示词：The gentle sika deer is in the forest, Ultra-Detailed Macro Portrait

▲ 图6-34　提示词：Photographic, eyemake up, lashes, pronouced purple iris, close up. shot with mamiya RZ67 medium format lens camera, lights 2 kino flobank lights and a strobe for background shot in a Martin Schoeller style

▲ 图6-35　提示词：Ultrarealistic photography of many blooming Morning glory flowers climbing on the bamboo fence, the flowers are very gorgeous, bokeh background, Canon r5, 50mm f22, photo realistic --v 4

通过选择不同的绘画方式，你可以为你的图像带来不同的影响和效果。例如，素描可以帮助你表现物体的形态和结构，彩铅可以帮助你表现物体的色彩和质感，水彩可以帮助你表现物体的透明度和光影效果，油画可以帮助你表现物体的质感和情感，版画可以帮助你表现图像的纹理和印刷效果，中国画可以帮助你表现物体的线条和情感，漫画可以帮助你表现故事和情感，素描动画可以帮助你表现故事和运动感，数字插画可以帮助你创作和表现各种类型的图像和动画。通过掌握不同的绘画方式，你可以在 AI 设计中创造出更多样化和有趣的图像和动画。

⑤ 浮世绘是一种源于江户时代的日本传统绘画形式，它使用木版画技术，通常描绘日常生活、历史事件和神话故事等题材。浮世绘的风格通常是鲜艳、生动和卡通化的，运用大胆的线条和明亮的色彩。浮世绘的艺术家们通常使用水墨、颜料和金粉等材料，将图像印刷在纸上。浮世绘的历史可以追溯到 17 世纪初，当时江户幕府政权的稳定促进了日本的城市化和经济繁荣，这也为浮世绘的兴起提供了条件。随着时间的推移，浮世绘的主题也逐渐从宗教、政治和历史事件转变为日常生活，如妇女、儿童、戏剧和歌舞等。浮世绘的画风也逐渐变化，形成了不同的流派。著名的浮世绘画家有葛饰北斋和歌川广重等，代表作有《神奈川冲浪里》《东海道五十三次》等。浮世绘是一种富有创造力和表现力的绘画形式，它的历史和艺术价值在艺术界得到了广泛认可。如图 6-36 ～图 6-38 所示为浮世绘风格的作品。

▲ 图 6-36 提示词：sacura blossom in ukiyo-e style painting

▲ 图6-37　提示词：A samurai and his family observing a cherry blossom festival，as it was an important seasonal event，ukiyo-e

▲ 图6-38　提示词：Lovely Cat painting by Ohara Koson

　　当然，在璀璨的人类文明中，艺术的形式远不止前面介绍的几种形态。我们可以引用 Midjourney 官网中的一些案例，来向大家展示其他艺术表现形式，更加丰富的形式需要各位在学习的过程中不断实践，提升自己对多种表现方法的熟练运用。

Chapter 7

画面和镜头的艺术

第 7 章

■ 7.1 镜头的艺术

角度的变化对于创造丰富的、有趣的画面非常重要。通过应用不同的角度，可以让表现的物体更加立体、生动和有趣。在 Midjourney 中，有多种角度的应用，包括正面、侧面、背面等不同的视角。这些角度可以让读者更好地理解物体的特点，以及它们在不同角度下的表现。此外，通过使用不同的角度，可以创造出更加丰富多彩的画面内容，使读者感到更加有趣和引人入胜。因此，在创作作品时，一定要注意应用不同的角度。

正面（Front View 或 Frontal View）：通常指作品中的主体位置和方向。正面构图可以让观众更直接地与作品产生联系，强化作品的表现力和感染力。通过正面的构图，观众可以更清楚地看到作品的重点和焦点，从而更好地理解和欣赏作品。同时，正面的构图也可以增加作品的动感和视觉冲击力，使作品更加生动和有趣。因此，在绘画中，正面的构图是非常重要的一个要素。如图 7-1 所示为采用正面构图的画面。

▲ 图 7-1 正面构图的画面示例

侧面（Side View 或 Profile View）：指物体或人物的侧面视角，即让人从侧面观察物体或人物。使用侧面可以表现出物体或人物的形态和结构，展示出物体或人物的特征和情感。它可以用来强调物体或人物的线条和轮廓，也可以用来展示物体或人物的表情和动作。在绘画中使用侧面可以帮助我们更好地理解物体或人物的形态和特征，同时也可以增加画作的立体感和层次感。如图 7-2 所示为侧面视角的画面。

▲ 图 7-2　侧面视角的画面示例

背面（Back View 或 Rear View）：是指主体的背面。背面的使用可以对画作的整体效果产生重要的影响。例如，在绘制人物或物体时，背面的细节可以用来表现物体的空间感和立体感。此外，在绘制风景时，背面的细节可以用来表现天气、气氛和时间等因素，从而增强画作的真实感和艺术感。在撰写 prompt 时，我们可以使用"背面"这个概念来指导 AI 绘制具有丰富立体感和真实感的画作，如图 7-3 所示。

▲ 图 7-3　主体背面视角的画面示例

鸟瞰（Bird-eye View）：是指从高处俯视场景或物体并将其画出来。在视觉上，这种技巧可以使观众获得更全面的视野和更具有立体感的画面。在艺术中，鸟瞰是一个广泛使用的构图技巧，可以应用于风景画、城市景观、建筑和其他场景，如图 7-4 所示。通过使用鸟瞰手法，艺术家可以创造出独特而引人注目的视觉效果，同时也可以更好地表达他们的创意和想法。

▲ 图 7-4　从高处俯视场景

广角（Wide-angle View）：指的是一种画面构图技巧，它可以扩大画面的视野，使画面空间更加开阔，如图 7-5 所示。在绘画中，超级广角可以用于表现大场面、广阔的风景等，可以让观众具有一种身临其境的感觉。同时，超级广角也可以用于表现某些情感和氛围，比如在惊悚和恐怖作品中使用超级广角可以增强紧张和不安的氛围。在实际应用中，超级广角可以通过调整画面的比例和透视关系来实现，需要注意的是，过度使用超级广角可能会导致画面失衡，因此需要在合适的情况下使用。

▲ 图 7-5　广角画面示例

特写（Close-up View）：是指在画面中对某一局部进行特别突出、放大和强调的处理方式，如图 7-6 所示。这种处理方式可以突出画面中的某些元素，使其更加明显，也可以为整幅画作增加层次感和视觉效果。在绘画中，特写通常用于突出某个物体或者人物的表情、肌肉、眼神等细节，使其更加生动、逼真、有感染力。特写的使用可以使画面更加有趣，吸引观众的注意力，也可以为绘画增加戏剧性和情感色彩，让人们更深刻地体会到画作所表达的主题和意义。

▲ 图 7-6　特写示例

　　微距（Macroview）：是指将物体的局部以特写的方式展现出来，与特写的区别是放大率和拍摄的精细度，微距通常用于展示细节或进行特定的情感表达，如图 7-7 所示。在绘画中，微距可以通过放大画面中的一部分来引起观众的注意，加强作品的表现力和感染力。微距可以使观众更深入地了解画面中的元素，提高画作的感染力和质量。它可以在绘画中起到强调重点、突出主题的作用，并帮助观众更好地理解画作的意图和情感。

▲ 图 7-7　微距示例

7.2 光影的效果

另外，我们还可以使用不同的光线来描述一个场景，比如强光、柔光、逆光等，以便让读者更好地感受场景的氛围。在 Midjourney 中，对不同光影的运用通常会带来不可思议的神奇效果。

体积光（Ambient Light）：是指在绘画或摄影中通过光线来表现物体的厚度、密度和质感等特征。它是一种三维光照技术，能够使物体看起来更加真实，让观众更好地感受到物体的立体感和质感。在绘画中，艺术家可以利用色彩、明暗、光线等手段来表现物体的体积光；在摄影中，摄影师可以利用灯光、阴影等手段来表现物体的体积光。体积光的运用可以增加作品的真实感和立体感，使观众更加身临其境地感受到作品中所表现的物体的真实性和立体感，如图 7-8 所示。

▲ 图 7-8 体积光示例

电影灯光（Cinematic Lighting）：是指在电影或摄影中使用的一种特殊的灯光。它可以通过控制灯光的亮度、颜色和方向等，来创造出不同的视觉效果，以达到表达情感、烘托氛围、强调主题等目的，如图 7-9 和图 7-10 所示。在绘画中，艺术家可以借鉴电影灯光技巧，通过运用光影对比和色彩搭配等手法，来增强作品的表现力和视觉冲击力。例如，在油画中，艺术家可以运用明暗对比和阴影处理等技巧，来刻画出更加立体和生动的形象。

在摄影中，电影灯光则可以用来创造出不同的环境和氛围，如神秘、浪漫、恐怖等。总之，电影灯光是一种十分重要的视觉表现手段，能够为艺术家和摄影师提供丰富的艺术表现空间。

▲ 图7-9　电影灯光示例（一）

▲ 图7-10　电影灯光示例（二）

　　柔光（Diffuse Light）：是一种特殊的光线效果，通常用于绘画和摄影中。柔光可以使画面更加柔和、自然，并且可以减少硬阴影和反射。在绘画中，柔光被用来创造柔和的氛围和温暖的色调，使画面更加有吸引力。在摄影中，柔光通常用于拍摄人像和风景照片，以减少皱纹和其他不良的细节，并且可以产生柔和、自然的画面效果，如图7-11所示。

▲ 图7-11　柔光示例

　　环境光（Ambient Light）：在绘画或摄影中，环境光通常指来自周围环境的自然光线，例如阳光、月光、灯光等。它可以影响物体的颜色、形状和明暗度。在绘画中，艺术家可以利用环境光来创造出逼真的效果。在摄影中，环境光也是影响照片质量的一个重要因素，摄影师需要根据光线的强弱和方向来调整相机的曝光、快门速度等参数，以达到最佳的拍摄效果，如图 7-12 所示。

▲ 图 7-12　环境光示例

　　史诗光线（Epic Light）：是指在绘画或摄影中，为了表现场景氛围、增加情感渲染、营造气氛等，通过调整角度，使得画面中的光线呈现出一种史诗般的效果，如图 7-13 所示。通常会使用一些特殊的光影效果，如高光、阴影、暗角等，来增强画面的层次感和戏剧性。史诗光线的使用可以让画面更加生动、感性，也可以使得画面更加具有艺术性和视觉冲击力。史诗光线是一种创建极富戏剧性、威严感和视觉效果的照明，它可以在场景中添加非常强烈、盛大、壮观的光线，以吸引观众注意力并增加场景的震撼力。

▲ 图 7-13　史诗光线示例

■ 7.3　画面的色彩

　　世界因为各种颜色的组成而变得丰富迷人，因此在运用 Midjourney 绘图前，我们需要了解各种颜色的英文名称，包括并不常用的那些颜色：洋红色、琥珀色、祖母绿、铁观音色等，除此之外，我们还需了解对颜色的界定，会令我们的图画质量瞬间提升，具有不可思议的效果。

　　通常情况下，我们只需要在图像的后面添加关于颜色的描述，就可以慢慢地看到自己期望的颜色逐渐呈现。如图 7-14 ～图 7-21 所示是 Midjourney 中经常出现的热门颜色及对应的英文。AI 绘画的神奇之处在于，不需要购买任何颜料，就可以看到颜色混合在一起形成的瑰丽色彩。

▲ 图 7-14　生动的颜色（vivid colors）

▲ 图 7-15　鲜艳的色彩（vibrant colors）

▲ 图 7-16　复古的色彩（retro colors）

▲ 图 7-17　丰富的颜色（richly colored）

▲ 图 7-18　柔和的色彩（soft colors）

▲ 图 7-19　饱和色（saturated colors）

▲ 图 7-20　对比色（contrasting colors）

▲ 图 7-21　渐变色（ombre）

当然，自然界是神奇的。每个季节都有其独特的魅力，无论是春天的新绿，还是秋天的金黄。在春季，我们可以看到无数花朵，它们的颜色绚丽多彩，美不胜收。而在秋季，落叶变成了红色、黄色和橙色，景色更是令人震撼。这些颜色甚至不是我们的语言可以描述的，因为它们如此缤纷绚丽，无法用几个词语来概括。

因此，在语言之外，我们可以使用更专业的方式来精确锁定所需的颜色：按照颜色编号来设置配色，这样可以确保我们使用的颜色符合我们的要求。当然，这需要我们在此之前就掌握颜色知识，或者专门学习这些内容，但这是值得的，因为只有这样我们才能真正实现对颜色的掌控，让我们的作品更加精美。

7.4 材质的选择

在 AI 绘画中，使用不同的颜色和材质可以对生成的图像产生重要的影响。例如，使用鲜艳的颜色可以使图像更加生动和有趣，而使用柔和的颜色可以使图像更加温和与舒适。此外，使用不同的材质可以使图像更加真实和具有质感。例如，对于木材家具，使用不同的材质可以使它看起来更加自然和真实，从而提高整个图像的质量。在 Midjourney 中，可以选择不同的颜色和材质，将它们应用于我们的绘画中，以产生最好的效果。如图 7-22 ～图 7-32 所示为 Midjourney 中经常出现的热门材质及对应的英文。

▲ 图 7-22 玻璃艺术（Glasses Art）

▲ 图 7-23 马赛克（Marquise）

▲ 图 7-24 多维剪纸艺术（Multi Dimensional Paper-Cutting Art）

▲ 图 7-25 织物（Textile）

▲ 图 7-26　卷纸艺术（Paper Quilling）

▲ 图 7-27　羊毛毡（Wool Felt）

▲ 图 7-28　红陶（Terracotta）

▲ 图 7-29　白瓷（White Porcelain）

▲ 图 7-30　陶土（Clay）

▲ 图 7-31　彩色玻璃（Stained Glass）

▲ 图 7-32　蜡烛（Candle）

第 **8** 章

8.1 从图片到图片，以图生图

在 Midjourney 中，可以使用 AI 生成图片，这种技术称为以图生图。它可以用于生成艺术作品、设计元素或任何其他需要图片的应用场景。使用 Midjourney，可以选择不同风格的相似主题，以获得符合需求的图片。例如，选择抽象艺术风格、复古风格，选择自然风景作为同一主题，来生成符合我们需求的图片。此外，还可以使用不同的主题图片进行叠加。例如，将人物和场景主题进行混合，或者将物品及场景主题进行混合，以获得最佳的效果。同时，可以使用图片作为提示的一部分来影响最终画面的构图、风格和颜色。图片提示可以单独使用，也可以与文本提示一起使用——尝试将不同风格的图片组合起来，以获得最令人兴奋的结果。

要将图片添加到提示中，请输入或粘贴在线存储的图片的网址。网址必须以 .png、.gif 或 .jpg 等扩展名结尾。添加图片的网址后，再添加任意其他文本和参数以完成提示。图片提示位于整个提示的前面。提示必须有两张图片或一张图片和附加文本才能工作。图片 URL 必须是指向在线图片的直接链接。在大多数浏览器中，右击或长按图片并选择"复制链接"命令以获取 URL。

以图生图包括两种方式。

（1）图片 + 提示词

我们在前面讲解过图片 + 提示词的 prompt 结构及操作方法。在这里我们尝试这种方式来生成一个自己的卡通头像。

第一步：上传一张图片，作为参照图。这种图片必须包含我们需要的主体形象或主要风格。要上传图片，请单击消息输入位置旁边的加号。选择"上传文件"选项，如图 8-1 所示，选择图片，然后发送消息。

第二步：等待图片上传完成后，右击图片，选择"复制链接"命令，如图 8-2 所示。

▲ 图 8-1

▲ 图 8-2

第三步：将链接粘贴到 /imagine 指令中 prompt 里，然后空格后输入我们希望绘制的图片的描绘。我们尝试的风格是：手绘卡通动画人像，可爱的亚洲女孩，愉快的表情，迪士尼皮克斯风格（Handdrawn cartoon animated portraits，cute Asian girls，cheerful expressions，Disney Pixar style），如图 8-3 所示。

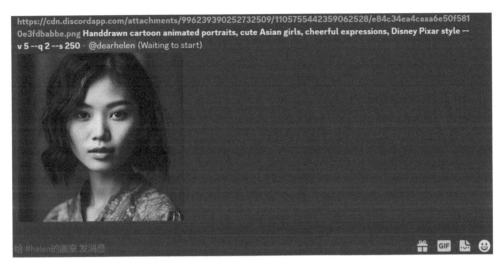

▲ 图 8-3

第四步：生成图片，然后选择图片或优化提示词，直到对生成的效果满意，见图 8-4、图 8-5。

▲ 图 8-4　生成四张带有卡通风格的头像　　　▲ 图 8-5　选择一张作为自己的头像

这种方法目前通常用于制作头像。用户会上传自己的照片，然后在提示词里写出"卡通风格""时装风格""在咖啡馆里"等描述。然后，AI 会根据这些提示词生成带有相似风格、服饰和场景的头像。穿品牌最新款的服装、去没有去过的地方、和心仪的偶像亲密合影等，都可以通过这种虚拟的方式来满足自己的愿望。

当然，生成的图片不会和上传的照片完全一样。如果想要完全一样，就需要尝试更多次，或者使用不同的 AI 工具在生成的图片上直接换脸。目前比较常用的"换脸软件"INSwapper 可以作为 Midjourney 插件直接使用。只要上传自己的真实照片，就可以在生成的不同风格的头像里直接换脸，使这个头像更加接近真实的自己。

（2）图片 + 图片

第一步：选择 /blend 模式，会看到图片上传界面。默认模式是两个图片，如果希望添加更多图片，选择右下角的 增加4 ，如图 8-6 所示。

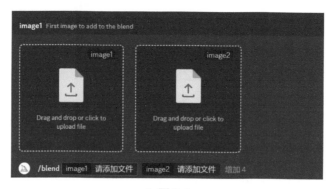

▲ 图 8-6

第二步：选择希望混合的图片，可以是同样的人物或场景，也可以是人物及场景的混合，如图 8-7 所示。

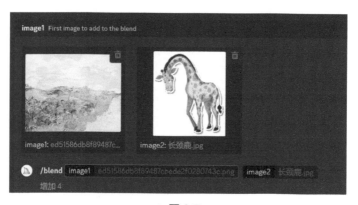

▲ 图 8-7

第三步，按 Enter 键后，静等图片混合后的改变。此时，两张图片已经整合在一起，图二的长颈鹿已经在图一的草地上悠然地玩耍了，如图 8-8 和图 8-9 所示。

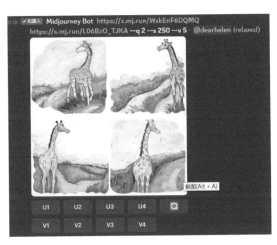

▲ 图 8-8

▲ 图 8-9

贴心小知识：

使用 Midjourney Bot 在 Direct Message 中上传图片，以防止其他服务器用户看到。图片提示在 Midjourney 网站上可见，除非用户具有隐身模式，或者在使用后将图片手动删除。

Midjourney 官方案例：雕像＋鲜花（Midjourney V5），参考图见图 8-10 和图 8-11，混合后的效果如图 8-12 所示。

▲ 图 8-10

▲ 图 8-11

▲ 图 8-12　混合后的效果

　　当开始混合图片时，等待的过程犹如等待着奇迹的产生。我们可以使用形似的风格或完全相反的风格进行图片的混合，看看在这个过程中，AI 会发挥怎样的随机性，带给我们戏剧化的结果。

※ 如何用好图生文功能？

　　2023 年 4 月，Midjourney 推出了图生文功能，当我们希望能够模仿一张已有图片的画风，但又不知道该如何提炼 prompt 时，这种方式就派上用场了。

　　第一步：单击对话框前的"+"号，在弹出的窗口里选择 /describe 选项。

　　第二步：单击 /describe 选项后，按照提示上传一张我们希望可以模仿其风格的图片。然后按 Enter 键，可以很快获得软件生成的图片及四个 prompt 文本的描述。

　　第三步：查看 prompt 文本描述后可以选择对应的编号直接生成图片。当然，如果更确定自己想要的风格，也可以对 Midjourney 给出的 prompt 进行修正，或者在不确定文本描述风格时，可以全部生成图片后再进行选择。

　　具体操作如图 8-13 所示。

选择 /describe 选项

弹出对话框，选择上传文件

选择文件后按 Enter 键

选择任意一个选项，都会弹出一个带有 prompt
描述的对象上传，并生成四个图画选项

▲ 图 8-13

生成的 4 组图像如图 8-14 ～图 8-17 所示。

▲ 图 8-14　第一组 prompt 生成的图像

▲ 图 8-15　第二组 prompt 生成的图像

▲ 图 8-16　第三组 prompt 生成的图像

▲ 图 8-17　第四组 prompt 生成的图像

第四步：在生成的图像中寻找与我们的想法相近的图像。如果没有，可以重新生成一些比较接近的图像，并在生成之前按照自己的想法调整提示的表述。或者干脆重新生成四组新的图像，寻找自己中意的效果。

图生图除了是一种寻找自己理想作品的方式，还有一个非常重要的作用不容忽视，就是我们借由图生图的过程，可以了解 AI 对图像的理解，从而打破自己的认知局限，可以在 AI 的引导下探索更多的风格及创作形式。例如：当我们上传了一幅塞尚的著名的圣维克多山风景画（如图 8-18 所示），希望得到相似的作品时，我们首先得到了四段 prompt 描述，分别如下。

① prompt 1：the painting shows a mountain and a village，in the style of Paul Cézanne，franco fontana，light beige and green，rectangular fields，heavy shading，monumental murals（提示词 1：这幅画展示了一座山和一个村庄，风格类似于保罗·塞尚、弗朗科·方塔纳，浅米色和绿色，采用矩形区域的画法，浓烈的阴影，宏伟的壁画）。生成的图像效果如图 8-19 所示。

▲ 图 8-18　塞尚原图

▲ 图 8-19　prompt 1 生成的图

② prompt 2：an painting with views of a mountain with a town on it，in the style of Paul Cézanne，rectangular fields，large canvas paintings，benoît-hermogaste molin，high resolution，impressionist sensibilities（提示词 2：一幅以保罗·塞尚的风格为基础，描绘山上小镇景色的画作，采用矩形区域的画法，大型画布作品，以高分辨率呈现，具有印象派的感性元素，类似于贝努瓦·埃尔莫加斯特·莫兰的风格）。生成的图像效果如图 8-20 所示。

③ prompt 3：an oil painting depicting the countryside，in the style of post-impressionist colorism，impressive panoramas，light beige and emerald，phoenician art，art nouveau organicity，holotone printing，fauvism inspiration（提示词 3：一幅描绘乡村的油画，采用后印象派的色彩主义风格，展现令人印象深刻的全景，以浅米色和祖母绿为主色调，融合腓尼基艺术，新艺术运动的有机质感，运用全色印刷技法，汲取野兽派的灵感）。生成的图像效果如图 8-21 所示。

④ prompt 4：an oil painting of a mountain in the countryside，in the style of les nabis，rectangular fields，picassoesque，light beige and emerald，monumental vistas，austere simplicity（提示词 4：一幅乡村山脉的油画，采用纳比风格、矩形区域的画法，像毕加索的风格，浅米色和祖母绿相间，具有巨大的视野和朴素的简约之美）。生成的图像效果如图 8-22 所示。

▲ 图 8-20　prompt 2 生成的图

▲ 图 8-21　prompt 3 生成的图

▲ 图 8-22　prompt 4 生成的图

　　因为使用的是一幅印象派的著名作品，AI 对它的识别相当准确，前面两个 prompt 准确地给出塞尚的名字，但也分别添加了不同画家的风格在其中，第三个 prompt 添加了野兽派和新艺术运动及腓尼基艺术的色彩，第四个 prompt 给出了纳比风格和毕加索风格的描述。

　　这些风格有些可能我们很熟悉，而有些我们可能完全没有听说过。在我们选择自己想要使用其风格的图片后，可以一并收藏其他组合所带来的惊喜。我们需要记住这种风格适用的场景，以便在绘制其他内容时使用。同时，对于我们不熟悉的画家或风格，我们可以尝试使用 ChatGPT 类的问答 AI 来帮助我们了解并用 Midjourney 单独生成一幅画作。在社区里通常使用的方法是"artwork by xxx"或"artwork in xxx style"，使用这两个句式生成的图可以让我们快速了解 AI 对这位艺术家或艺术流派的应用情况。

　　例如，在 prompt 3 中涉及的 phoenician art（腓尼基艺术），我们如果希望深入了解的话，通过 AI 可以了解到：腓尼基艺术指古代腓尼基人的艺术形式和文化遗产。由于腓尼基人主要居住在地中海东岸的腓尼基（今黎巴嫩和叙利亚沿海一带），所以腓尼基艺术深受古埃及和古代美索不达米亚艺术的影响。腓尼基艺术以其独特的象征或标志而闻名，包括以象牙、黄金和宝石等珍贵材料制作的精美首饰、雕像和器皿。腓尼基艺术的设计主题包括神话、动物和植物等自然元素，以及人物形象和几何图案等抽象元素，如图 8-23 ～图 8-25 所示。

▲ 图 8-23　腓尼基艺术壁画

贴心小知识：

　　在这里，我使用的 AI 工具是 Claude，除此之外，也可以用 ChatGPT、Notion 或其他工具完成这个工作。

　　记住这种艺术形式及其特征，或许会在我们未来更多的创作应用中，具有意想不到的作用。同时，以这种方式不断扩充我们的知识库，使我们更快地从一个出于娱乐目的的创作者，逐渐转变成为一个越来越了解 AI 和善于使用 AI 来完成确定性内容的专业创作者。

▲ 图 8-24　腓尼基艺术陶器

▲ 图 8-25　腓尼基艺术头像

8.2 从东方到西方，混搭风格带来的惊喜

在 Midjourney 中，当我们使用 AI 重新绘制艺术史上各种流派、各位大师的画作，或者采用类似的风格来绘制我们脑海中的图像时，获得了非常大的震撼和更多的惊喜。

为了获得更多惊喜，我们还可以选择不同的艺术风格，将它们混合在一起，产生独特的画面效果。例如，可以将文艺复兴时期的对称美和比例美与立体派的抽象几何形状相结合，以产生独特的画面效果。此外，还可以将印象派的明亮色彩与抽象表现主义的大胆笔触相结合，以产生更为生动和有趣的画面效果。在实践中，我们可以根据需要选择两种或两种以上不同的艺术风格，将它们组合在一起，以产生最佳的效果。

同时，在 AI 的世界里，当我们与这些大师越来越熟悉时，甚至可以和他们更自由地协作，比如让他们画一些他们从来没有机会画的主题，或者让他们与自己喜欢或不喜欢、认识或不认识的其他大师或画家合作，创作出一些意想不到的艺术效果。如图 8-26～图 8-34 所示。

▲ 图 8-26 Van Gogh + Wassily Kandinsky
（梵高 + 康定斯基）

▲ 图 8-27 Henri Matisse + Georgia O'Keeffe
（马蒂斯 + 欧姬芙）

▲ 图 8-28　Art Deco+Psyschedelic Cubism（装
饰艺术 + 迷幻立体主义）

▲ 图 8-29　Henri Matisse + Pablo Picasso（马
蒂斯 + 毕加索）

▲ 图 8-30　Art Nouveau + Printmaking Style （新艺术 + 版画艺术）

▲ 图 8-31 Victo Ngai + Hokusai + Yuko Shimizu（华裔设计师倪传婧 + 葛饰北斋 + 清水裕子）

▲ 图 8-32 Cyberpunk Manga + Art Deco Sensibilities + Afrofuturism（赛博朋克风格 + 装饰艺术 + 非洲未来主义）

▲ 图 8-33 Alphonse Mucha+Klimt（穆夏 + 克里姆特）

▲ 图 8-34 Greg Simkins + Gerald Brom+ Salvador Dali + Agent X + Roy Lichtenstein

    在前面的这些图中，我们看到了许多有趣的画面效果，有些甚至是前所未见的绘画风格。这正是组合所带来的神奇魅力。通常，在从新手向高手转化的过程中，我们可以从以下几个方面开始自我训练。

（1）把相似画风的画家或艺术家进行组合

例如，我们把同一画派画家的作品进行糅合，任意两位印象派画家，任意两位新艺术风格画家，任意两位涂鸦画家，任意两位版画家……你会发现他们的流派特点会被 AI 再次强调，带来似是而非的微妙变化。

当然除了流派，他们的作品中其他相似的特质，也可以进行有趣的组合。例如，在线条上都有特别表现的俄国抽象艺术画家康定斯基（Wassily Kandinsky）和美国涂鸦艺术家凯斯·哈林（Keith Haring），混合一下的效果会怎样呢？显然，V4 版本对两位画家的理解更均衡，而 V5 版本则更偏爱凯斯·哈林，生成的图像里他的"戏份"已经碾压了康定斯基先生，如图 8-35 和图 8-36 所示。

▲ 图 8-35　忧郁的思想者？（提示词：artwork by Keith Haring and Wassily Kandinsky --v 4）

▲ 图 8-36　看起来好像跟爱情主题相关？（提示词：artwork by Keith Haring and Wassily Kandinsky --v 5）

贴心小知识：

即便我们在短时间内构思不出一个需要艺术家帮忙绘制的内容描述，也并不妨碍我们使用一个最简单的方式来了解他的风格，或者说 Midjourney 所理解的他的风格。这个标准的句式就是：artwork by xxx 或 artwork in the style of xxx，by 后面填写艺术家的名字，in the style of 后面可以填写艺术家或艺术流派的名字，画面效果基本可以代表 AI 对这位艺术家或艺术流派的理解。用这个方法，我们可以飞快地画一遍美术史上的那些大家的作品，以及电影史、广告史、摄影史上的大家的作品。

我们再试试凯斯·哈林和善于画动物和几何图形的美国插画师安迪·基欧（Andy Kehoe）的混合效果，以及凯斯·哈林和以柔美线条被大家迷恋的捷克新艺术流派的大师阿尔丰斯·穆夏（Alphonse Mucha）的合体会呈现出什么效果？如图 8-37 和图 8-38 所示。

▲ 图 8-37 提示词：Whimsical cat Family Portrait art，happy，laughing，in the style of Andy Kehoe and Keith Haring，cartoon，stylized

▲ 图 8-38 提示词：Oriental Women in Running，by Keith Haring and Alphonse Mucha

　　第一幅：我们可以看到来自凯斯·哈林的涂鸦大师的线条感和来自安迪·基欧几何图形的动物特征，充满艺术气息的融合让人感觉自然亲切。第二幅：这幅作品很难说是成功的，穆夏笔下娴静的美女竟然奔跑起来，繁复美丽的装饰线条在这里充满了都市的感觉。或许在某些场景下，这种风格的运用会非常恰当，但由此可以看出，并非所有的混合都能达到完美的效果，有时候令人惊叹的作品也会在偶然间被"创作"出来。

　　图 8-39 和图 8-40 展示了我们尝试将三位专门绘制植物图画的画家风格进行混合，以及将儿童插画师风格与儿童动画电影风格进行混合的结果。我们可以通过这种方式，设计出更多下面的问题，并寻找答案，以找出更多有某种相似性的艺术家，并建立他们之间的"合作"。

　　·以颜色浓烈著称的画家有哪些？

　　·以描绘乡村景色著称的画家有哪些？

　　·以儿童绘本创作为特色的画家有哪些？

　　·以画科普动物 / 植物为强项的画家有哪些？

　　·以科幻风格为主的画家或电影美术家有哪些？

　　……

▲ 图 8-39　提示词：Big whimsical extraterrestrial wildflowers，Retro tones，in the style of baroque ornateness，detailed wildlife，light orange and dark green，frieke janssens，anamorphic art，by Mary Vaux Walcott，by Mary Delany，by Henri Rousseau

▲ 图 8-40　提示词：There are three anthropomorphic cartoon wolves at the edge of the forest，quietly watching three cute cartoon pink piglets on the grass below the slope，portrayed in a cartoon anthropomorphic style，surrounded by many beautiful plants，Disney Pixar style，very warm colors，movie lights，and delicate pictures，by Mary Blair

（2）把创作风格大相径庭的艺术家进行组合

大师们的创作通常有自己鲜明的特色，而这些特色之间有时候看起来并不和谐。如果将这些艺术风格进行糅合，会不会有惊喜出现呢？

梵高和毕加索都是 Midjourney 中最常被引用的画家，他们两位都具有非常鲜明的个人风格，很难被后人超越。但是，如果把他们两位的画风糅合，会有什么样的"化学反应"产生呢？结果如图 8-41 ～图 8-43 所示。

▲ 图 8-41　提示词：sunflower by Picasso and Van Gogh

▲ 图 8-42　提示词：Men working in the fields，by Picasso and Van Gogh

▲ 图 8-43　提示词：A woman running barefoot on the beach by Picasso and Van Gogh

我们确实看到了"合体"的力量。以梵高标志性的向日葵为例，加入毕加索的风格后，颜色的鲜艳和浮雕般的质感都来自于梵高，而自由张扬的线条则又可以看到毕加索的影子。

在第二幅图中，我们设定的主题是田间劳作的男人。梵高笔下田野的浓烈和毕加索笔下人物的线条以难以言说的比例融合在一起，创造出了令人赏心悦目的效果。当然，这两幅画作的选择对于毕加索先生而言未免有失公允，因为很显然这都是梵高的代表作，在比例设定的时候，AI 难免会有偏颇。因此，我们创作了第三幅图——一个赤脚奔跑在沙滩上的女人。果然，这幅图就比较"毕加索"了，但画面纹理显然也考虑到了梵高的风格，微微地带着"梵高"的质感。

我们列举的两位知名的艺术大师具有鲜明的个人特色，从生成的作品中可以看出 AI 对他们的理解和把握非常充分。美术史上这样风格显著的画家比比皆是。通过使用 AI 单独绘制他们风格的作品，我们可以了解到 AI 对他们的解读。而后，我们可以不断尝试将他们的风格与其他画家的风格进行组合。不同于相似画风的叠加，差异越大的画风叠加后产生的效果越奇特。同时，两个画家、三个画家，甚至更多的画家，这样的画风组合简直变幻无穷，可以让你一直"画"下去。

（3）把东方、西方艺术家的风格进行组合

这次我们选择了三位比较有特色的设计师。

简明（James Jean）是当代著名的美籍华人插画师和平面设计师。他以精致的插画技法和梦幻般的视觉风格著名。简明擅长营造奇幻梦境般的氛围，充满神秘和不可思议的元素。他曾为《时代》杂志、苹果公司和 DC 漫画等知名品牌设计插画，他是数字艺术领域的杰出代表之一。

安娜（Anna Dittmann）是一位知名的美国数字艺术家。她的作品通常使用数码绘画和 Photoshop 技术，创造出神秘和梦幻般的氛围。她的作品经常被用于书籍和音乐专辑的封面设计。她的作品风格独特，混合了现实和幻想，被誉为数字艺术领域的杰出代表之一。

法伊扎·马格尼（Faiza Maghni）是一位著名的阿拉伯当代平面设计师，以成功为许多知名品牌创作极富东方风情的平面设计作品而闻名。她的客户包括 Tiffany & Co.、Kate Spade、Bergdorf Goodman 及 Peninsula Hotels 等国际品牌。

我们决定组合三位当代设计师的风格，画一些以神话、传说为主题的内容。第一幅是《一千零一夜》中的公主（见图 8-44），第二幅是中国女祖神女娲（见图 8-45），第三幅是西方爱神维纳斯的诞生（见图 8-46）。在提示词中没有给出具体情节的情况下，仅仅从画面形象来看，他们有着神秘、瑰丽、梦幻的共同特征，同时对于不同地域女性又有所区别。从审美的角度来看，这一组画面确实呈现出了不可思议的奇幻色彩，至于可以将其应用在哪些场景里，大家就可以展开自由的想象了。

▲ 图 8-44　提示词：Princess in the Thousand and One Nights，Vibrant，In Watercolour，Manga，Pattern，by Anna Dittmann and James Jean and Faiza Maghni --ar 2:3

▲ 图 8-45　提示词：Nuwa，a goddess in Chinese mythology，Vibrant，In Watercolour，Manga，Pattern，by Anna Dittmann and James Jean and Faiza Maghni --ar 2:3

◀ 图 8-46　提示词：The Birth of Venus，Vibrant，In Watercolour，Manga，Pattern，by Anna Dittmann and James Jean and Faiza Maghni --ar 2:3

（4）把古典艺术与现当代艺术进行组合

我们选择"文艺复兴三杰"之一的达·芬奇，测试他与后世艺术流派和艺术家之间的亲和力。

第一幅画尝试了将达·芬奇的画风与动漫艺术的融合（见图 8-47）。画中的少女带有一点二次元的特色，服饰、妆造和容貌同时具有文艺复兴时期的古典色调。这种融合带来的感觉非常特别，显然这是非常令人惊喜的一种新风格。

第二幅图我们选择请达·芬奇化身为《最终幻想 7》中萨菲罗斯（Sephiroth）形象的原画师。显然，他完成得非常不错，除了保留了他自己精细的笔触和明暗对比外，科技感和游戏风格十足的画风也令我们大感震撼，如图 8-48 所示。

第三幅画我们请达·芬奇将自己的画风与未来主义、极简主义进行融合。由于提示词中提及了"星夜"，所以 AI 顺手把梵高也拉进来一起组队。非常多的元素糅合在一起，自然、和谐得犹如这种风格本来就存在一样，如图 8-49 所示。

▲ 图 8-47　提示词：Leonardo Da Vinci anime style，colorized，concept art --v 4

▲ 图 8-48　提示词：Painting of Sephiroth from Final Fantasy 7, Art by Leonardo da Vinci. Extremely detailed, Award winning

▲ 图 8-49　提示词：la noche estrellada, da vinci, futurist, night, moving, art, minimalis, --v 4 --q 2 --s 250 --v 5

（5）忽略上面的规则，随机组合就好

当我们尝试了许多规则后，需要重新回到没有严格规则的限制阶段来进行实践。例如，将建筑设计师的风格应用于服装上，让艺术家设计手办，用电影美术大师的风格来设计房间布局……甚至可以将我们最近了解到的设计师或艺术家放在一起设计一件作品，看看会发生什么。

看，这个过程多么像一次精致的调香之旅。来自不同艺术家的创作风格，正犹如来自大自然的不同香气。我们按照不同香型、不同比例仔细搭配，将获得非常多个性化的香氛。在将这些艺术家的风格混搭后出现的新风格中，难免有让我们心动的风格出现，或者随着实践的增加，在不断积累的过程中，我们掌握了更多 AI 可以创作出来的作品风格，也就拥有了更加自由丰富的表现能力。

■ 8.3　从绘画到视频，AIGC 工具的合纵连横

在我们的工作和生活中，优秀的绘画可以成为一种沟通工具。此外，我们还可以将 Midjourney 生成的图像应用于各种具体场景，例如现场活动中的邀请函、海报、电商平台上的网页、横幅等，以及新媒体环境中使用的各种视频等，这大大扩展了我们的创作空间。

如果需要整合声音工具、视频工具等，可以使用 Midjourney 生成的图像作为创作素材，并在其他工具中进行处理和编辑。例如，我们可以生成绘画或摄影风格的作品，然后通过其他 AI 工具生成海报或产品广告图，从而将创意应用到更多的领域。我们也可以使用 Midjourney 生成不同艺术家风格的图像，然后在音频工具中添加音效，最后在视频工具中将它们组合在一起。这样可以生成更综合和完整的作品，从而满足更多不同场景的需求。

当然这需要我们同时了解多个 AI 工具的使用。但是，不用担心，目前 AI 工具的火爆带给了我们太多的可能性。AI 音频工具、AI 视频工具、AI 排版及设计工具层出不穷地出现在我们面前，之前需要掌握大量技能才能操作的工具，对于普通人来说，都将变得越来越容易上手。

首先，我们来尝试一下从图像到视频的生成过程，如图 8-50 所示。

生成一个美国 20 世纪 30 年代的美女人像

登录 D-ID 平台

登录平台后创建视频

按照要求上传图片

输入文本内容并选择适合的声音，点击"生成视频"按钮

一个说着纯正英文的英语教师就出现了

▲ 图 8-50

① 在 Midjourney 里，我们用美国 20 世纪 30 年代美女的风格生成头像。

② 登录视频创作平台（在这里我们使用的是 D-ID 视频创作平台，网址是：https://

studio.d-id.com/）。

③ 点击"创建视频"按钮。

④ 按照要求将生成的人像上传至平台。

⑤ 我们把希望由她来朗读的英文生成音频。

⑥ 点击"生成视频"按钮，我们创建的人像图片变成一个可以说话的视频了。

第二组我们在网络上寻找大量曹雪芹的图像（见图 8-51），而后通过 blend 模式进行混合并添加 prompt 进行描述，多次尝试后生成比较接近本人画像的形象。然后按照上述方法，我们将曹雪芹的自述生成音频，并将音频与头像合成视频（见图 8-52，封底扫码可见）。

▲ 图 8-51　曹雪芹形象

▲ 图 8-52　一段曹雪芹讲述自己身世的视频

上述两个组合生成的视频通常适用于图书或出版领域。第一组合的应用场景是将任意英文图书或报刊通过 AI 转换成人像 + 语音生成的视频，以便学习者通过视频获得更好的学习体验，并进行更准确的发音和听力训练；第二个组合的视频则可以由原著作者介绍自己的生平、作品的创作背景或者解答与图书相关的常见问题，这都是新型图书业态的一种形式。

从图画拓展到视频，AI 使我们创作的空间和自由度得到了极大拓展（见图 8-53）。结合 ChatGPT 带来的新的人工智能，这些头像或形象可以成为数字人，即输出既定的内容或与人类交互输出某一领域的专业内容。可以想象，未来的客服、导游、教师、医生、心理顾问等数字人，就是整合了 AIGC 的图像、文稿、声音、视频等多项 AI 技术的综合应用。

▲ 图 8-53　SHOWCASE 频道相当于作品的展示空间

8.4 从娱乐到专业，链接最优秀的设计者

一个人出于一时好奇开始创作，也许在不久后就会感到创意枯竭，并因此最终放弃了持续地创作实践。解决这个问题最好的方法是将这项兴趣应用在工作或生活中，使其成为工作或生活中的一部分。在每天面对的新项目中，迎接挑战并实现最终的效果。源源不断的项目犹如随机生成的命题，完成这些命题的过程需要调用以往的经验，同时需要掌握更好的技能及提升的方法。

除了在实践中学习，大量向他人学习也是快速进步的关键因素。例如，Midjourney 的频道和社区是一个非常好的选择。

登录 Discord 上的 Midjourney 时，在 #newbies 频道中始终有用户在创作内容。除了这个频道，Midjourney 左侧的 showcase 频道也是一个学习的好地方，在那里可以看到大量其他人的作品。根据频道的名字，我们还可以有针对性地去查看自己希望重点学习的方向。例如，在 niji-showcase 里，展示了大量高手们的动漫风作品，如图 8-54 所示。我的心得是，每当我开始沾沾自喜觉得自己画得不错了的时候，到这里看看大量高手的作品，就会立刻冷静下来，开启下一个阶段的学习模式。

另外，还有一组频道对我们的提升也非常有帮助，那就是提示词学习系列频道（见图 8-55）。这里设置了环境、物品、人物形象等提示词的专门频道，用户可以根据自己当前希望突破的技能进入其中，学习高手们的作品和对应的提示词。其中的 daily-theme 频道也非常重要。

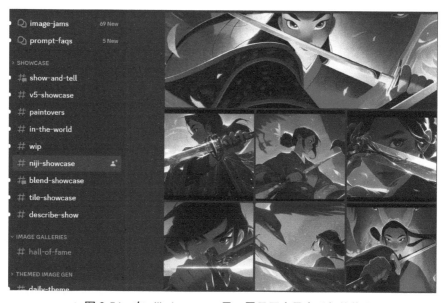

▲ 图 8-54 在 niji-showcase 里，展示了大量高手们的作品

Midjourney 为了避免大家在创作中失去动力和方向，每天会推出一个主题供大家集体使用（见图 8-56）。这个设计非常有价值，可以让我们每天都有新的主题去尝试和挑战，同时在同一个主题下可以看到很多他人的作品，更容易体会到不同创意之间的差别和丰富创意带来的愉悦。

▲ 图 8-55　这里是学习提示词的好场所

▲ 图 8-56　The daily-theme is now nightcore

此外，Midjourney 的社区也不容错过，我们可以在这里看到全世界大量高手的作品，学习他们的配方和创新性思路。此外，Midjourney 社区还提供了许多教程和指南，帮助用户更好地了解 AI 设计和创作的各个方面。如果想更深入地了解 AI 设计和创作，Midjourney 社区是一个不错的选择。

登录 https://www.Midjourney.com/app/ 后，单击左侧的 Explorer 后，可以看到大量其他用户的作品（见图 8-57 和图 8-58），这些作品上方的 Hot、Rising、New、Top 则代表这些作品中最受欢迎的、上升最快的、新的和最优秀的作品，我们可以逐一点开查看、学习。

▲ 图 8-57

▲ 图 8-58

遇到我们欣赏的作品，可以单击该作品以查看更多的细节，同时可以查看这幅作品对应的 prompt。这时，如果我们也想生成相似的作品来尝试，可以单击作品右下方的三个点，而后在弹出的界面里选择 Copy → Full Command 命令，或者 Copy → Prompt 命令（见图 8-59），用这个 prompt 或基于这个 prompt 生成新的画作。

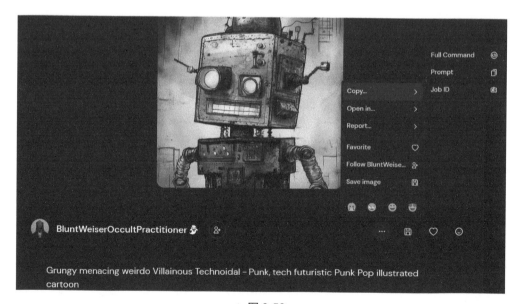

▲ 图 8-59

当然，如果很喜欢某个作品，也可以单击右下角的心形图标进行收藏（见图 8-60）。同时，也可以点击画面左下方的作者头像，查看这个作者创作的所有作品，或者关注这个作者（见图 8-61）。在社区关注列表下面，就会自动显示这个作者的新作品（见图 8-62），我们就可以随时跟着这些大神来提升创作技能了。

▲ 图 8-60

▲ 图 8-61

▲ 图 8-62

　　Midjourney 的社区汇集了来自全世界的各种 AI 绘画创作者，他们中不乏顶尖高手。通过社区的作品来学习 AI 绘画创作技能是非常有效的方式。在这个社区之外，我们也可以在微信、微博、小红书上寻找那些积极探索的先行者。他们分享的经验同样对我们很重要，这些都能加速我们从一个小白变成一个高手的进程。

Chapter 9
Midjourney 应用案例

第9章

■ 9.1 出版行业作品案例

出版业是一个超过千亿市场规模的大行业，每年都会涌现大量新书。试想 AI 技术在插图和绘画领域的发展将对出版行业产生以下影响。

（1）降低制作成本

AI 可以自动生成不同风格和质量的插图和线条图，这可以显著减少人工绘画的工作量，降低插图制作的时间和成本，为出版商节省开支。

（2）提高工作效率

AI 设计插图技术可以快速生成大量图像和草图，供设计者选择和编辑，这可以提高设计工作的整体效率和产量。设计者可以更专注于创意和定制化的插图内容。

（3）改变工作职责

人工插图设计者的工作职责可能会发生变化，更加侧重于创意设计和图片编辑监督，而常规简单的工作由 AI 插图设计技术来完成。这可以让人类设计者将更多的时间和精力投入到创意设计中。

在图书设计领域，AI 技术已经渗透到图书封面设计、图书插图设计、图书营销物料设计、图书营销衍生品设计等领域，为图书行业带来了巨大的机遇和挑战。

首先，AI 设计在图书封面设计方面发挥了巨大的作用。AI 技术可以根据图书内容和读者群体，自动生成适合的封面设计。这种自动化的封面设计方式，可以节省设计师的时间和精力，同时提高封面的质量和美观度，吸引更多的读者购买图书。在封面设计方面，AI 技术非常适合大量出版物的封面设计，可以快速生成大量不同风格和主题的封面设计，提高封面设计的整体效率和产量。

其次，AI 设计在图书插图设计方面也有着广泛的应用。AI 技术可以自动生成不同风格和质量的插图和线条图，这可以显著减少人工绘画的工作量，降低插图制作的时间和成本，为出版商节省开支。同时，AI 设计可以快速生成大量图像和草图，供设计者选择和编辑，这可以提高设计工作的整体效率和产量。在插图设计方面，AI 技术非常适合大量出版物的插图制作，可以快速生成大量不同的图像和草图，提高插图设计的效率和产量。

此外，AI 设计在图书营销物料设计方面也有着广泛的应用。企业可以利用 AI 技术自动生成符合品牌形象和产品特点的宣传海报、展示图和广告，这可以提高营销效率和广告效应。同时，AI 设计还可以帮助企业设计出更加符合不同读者需求和审美的营销物料和衍生品，提高用户体验和满意度。AI 设计的自动化和高效性，可以为图书行业带来更高效、更低成本、更优质的产品设计，提高营销效率和用户体验，为企业带来更大的商业价值。

　　尽管 AI 设计可以自动化很多工作，但人类设计师的创意和想象力仍然是不可替代的，图书行业需要不断地创新和探索，才能更好地应对 AI 技术带来的挑战，更好地服务于广大读者。随着 AI 技术的不断发展，我们可以期待更多的 AI 设计应用在图书行业中，为图书行业带来更多的机遇和发展空间。如图 9-1 ～图 9-9 所示为利用 AI 技术制作的插图。

▲ 图 9-1　音乐书插图

▲ 图 9-2　儿童绘本插图

▲ 图 9-3　教辅书插图

▲ 图 9-4　英语书插图

▲ 图 9-5　民间传说故事书插图

▲ 图 9-6　填色书插图

▲ 图 9-7　人物传记插图

▲ 图 9-8　文学书插图

▲ 图 9-9　科普书插图

9.2 游戏行业作品案例

作为以技术和创意为核心竞争力的游戏行业，AIGC 的应用速度已经领先于大部分行业。以 Midjourney 为代表的 AIGC 设计工具及其他 AI 工具被广泛应用于游戏素材和资源的创建。许多游戏开发商已经开始在工作流程中使用 AI 技术来生成大量的建模、材质、贴图等资源；一些大厂开始探索整合形式的 AI 工具在游戏开发方面的应用。来自 Unity、Epic Games 等的一些研究开始探索如何将 AIGC 技术应用于游戏场景自动生成、角色动作捕捉等方面。这表明 AIGC 技术正在逐步被游戏行业的主流研发力量重视，并已经逐步渗透到游戏行业的多个工作流程中。我们甚至已经看到非常多的游戏公司大幅度减少了原有的原画师团队成员。

AI 辅助设计在游戏行业中的应用已经成为趋势。除了可以帮助游戏设计师快速生成大量的场景草图、概念设计、角色形象，供设计师选择和修改，实现显著提高设计过程的效率和产量，从而降低游戏开发成本，改变游戏设计工作者的工作职责，长期来看，游戏行业具备综合应用 AI 的技术能力，这将会给行业带来较大的影响。

（1）游戏开发模式正在重塑

AI 辅助设计可能会重构游戏开发流程与分工，使得开发团队更加关注游戏创意、体验设计和运营。借助 AI，游戏开发者可以自动生成大量游戏资源，如地图、角色和道具（见图 9-10 ～图 9-15），从而实现内容的快速生产。这将形成全新的开发与运营模式。

▲ 图 9-10　游戏人物形象生成（1）

▲ 图 9-11　游戏人物形象生成（2）

▲ 图9-12　游戏人物形象生成（3）

▲ 图9-13　游戏道具生成

▲ 图 9-14　游戏人物头像生成

▲ 图 9-15　游戏场景生成

（2）用户体验持续提高

AI 辅助设计可以通过生成海量个性化内容与资源来丰富游戏体验，满足用户不断发展的需求。同时，它可以实现更加智能化和自然的非玩家角色，使游戏故事和角色更加丰富。AI 还可以令虚拟环境更加真实和动态，从而让玩家获得更加沉浸的游戏体验。这样可以持续提高游戏的用户黏性与生命周期，产生长期价值。

（3）生态系统发展加速

AI 辅助设计等人工智能服务将催生新的游戏开发生态，第三方 AI 服务提供商可以为开发商与运营商提供自动化解决方案与内容，加速行业变革与发展进程。将游戏内的数据和内容更好地与外部大数据和开放平台连接，加速建立开放的游戏生态圈，这可以带来内容的丰富和创新。同时，AI 工具也可以助推游戏在社交网络和平台的传播，使游戏变得更加社会化，也为游戏商业变现提供更多机会。

AI 及 AI 设计工具已经对游戏行业产生了巨大的影响，为游戏开发公司带来了更高效的开发和运营模式，为游戏玩家带来更优秀的游戏品质和用户体验。因此，对游戏开发公司来说，积极探索和应用 AI 设计技术，已经成为提高竞争力和盈利能力的关键。

9.3　营销行业作品案例

营销行业需要不断推出新的商品和服务，并将其推荐给客户。如何快速、准确地推荐适合客户的商品，成为营销行业管理的重要问题。我们最近看到的两则消息都令人吃惊，一则是行业内知名的一家 4A 广告公司砍掉了包括文稿撰写、平面设计在内的所有外包合作业务，另外一则是一家公关公司在比稿中，由 AI 辅助创作的提案击败人工团队数天的工作成果，顺利拿下大单。

由此可以看出，Midjourney 为代表的 AI 辅助设计工具，连同其他 AI 内容生产工具、AI 数据分析工具等，将会给营销行业带来重大影响。如图 9-16～图 9-21 所示为利用 AI 制作的各类营销设计作品。

（1）提高创意效率

AI 设计工具可以帮助广告人自动生成创意方案、选题框架、视觉设计样本等，大大减少重复劳动，释放广告人的创意潜力，使创意过程更加高效。

（2）加强数据分析和洞察

AI 可以对海量数据进行深入分析，洞察广告人难以获取的用户行为规律。这些信息可以更好地指导广告的创意策划和传播方向。

（3）实现精准营销

依靠 AI，可以实现用户画像的精准划分和个性化定向。广告人可以针对特定受众群体推出定制化的创意和内容，使营销达到前所未有的精准度。

（4）优化内容生产

AI 可以大规模自动生成各种类型的广告创意素材，如文字、图片、视频等。广告人可以依据这些素材灵活编排和创作，同时也可以直接使用 AI 创作的素材，这大大提高了内容生产的效率和规模。

（5）开拓新兴渠道

AI 使全新渠道的广告投放和运营成为可能，如智能语音和图像识别推广，以及 AI 写作的推文营销等。这些新渠道为品牌带来了新的变现机会，也丰富了营销手法。

综合应用各种 AI 工具，将为营销行业带来更高效、更低成本、更优质的产品及品牌营销内容，提高营销效率和用户体验，为企业带来更大的商业价值。

▲ 图 9-16　酒类产品广告

▲ 图 9-17　便利店店面设计

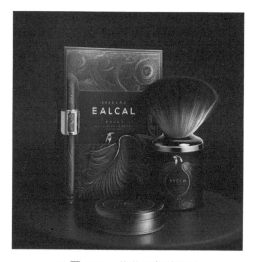

▲ 图 9-18　化妆品包装设计

▲ 图 9-19　卡通 IP 形象设计

▲ 图 9-20　红酒酒标设计

▲ 图 9-21　医疗企业 LOGO 设计

■ 9.4　电商行业作品案例

电商行业是一个综合应用 AI 的先行者，就像游戏和营销行业一样。他们对市场极度敏感，反应迅速。如图 9-22 ～图 9-27 所示为电商行业 AI 作品。在电商行业，我们已经看到或即将看到的 AI 带来的变化包括以下几个方面。

▲ 图 9-22　页面设计

▲ 图 9-23　社交媒体发帖模板 icon

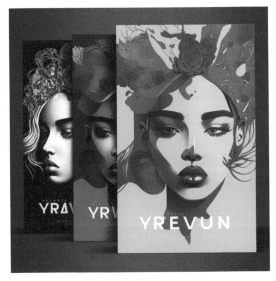

▲ 图 9-24　海报设计

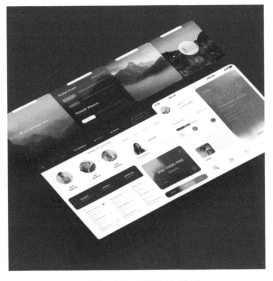

▲ 图 9-25　网页 UI 设计

▲ 图 9-26　移动端界面 UI

▲ 图 9-27　头像 / 表情包

（1）智能化用户体验

AI 可以实现精准的用户画像和偏好分析，为每个用户提供个性化的产品推荐和购物体验。这大大提高了用户体验，也使转化率和客单价得以提高。

（2）自动化运营

AI 可以实现智能商品分类、智能库存管理、自动价格调整等，极大地简化了电商平台的日常运营，降低了人力成本，使管理运营更加高效、准确。

（3）个性化营销

依靠 AI，电商可以推出针对每个用户的个性化营销方案，比如定制优惠券和广告。这种精准营销可以使昂贵的广告和促销投入产生更高效的回报。

（4）智能客服

AI 聊天机器人可以自动回答大多数客户提出的问题，为用户提供即时响应和解决方案。这不但提高了用户体验，也减轻了人工客服的工作强度，使服务更加高效和全面。

（5）优化供应链

AI 可以让供应链管理更加精准、高效。比如，通过分析预测市场趋势和用户需求，为商家提供商品采购意见；同时，也可以对物流实现自动化管理，实现最优运输路径和效率。

在我们关心的 AI 辅助设计领域，基于品牌及产品营销以及提升用户体验的目的，电商行业对视觉内容与产品图片也有巨大需求。电商平台上每天新增的商品数量惊人，因此需要展示与推广大量的产品图片与视觉内容。Midjourney 可以自动快速生成这类内容，满足电商平台日益增长的内容需求。

电商行业要求高效营销与快速产品迭代。传统的电商平台上架新产品需要大量的图片，而这些图片的制作成本和工作量往往很高，因为需要设计师进行手动设计和绘制。Midjourney 则可以通过自动化的方式，快速生成大量高质量的产品图片，加速新品上架与内容制作流程，缩短产品上市时间，提高平台营销效率。这对电商业务的快速发展至关重要。

除了图片制作，Midjourney 还可以帮助电商设计师快速生成网站界面、广告宣传海报等，提高设计效率和产出量，为电商企业提供更好的服务和体验。在竞争激烈的市场中，电商企业需要不断推陈出新。Midjourney 的 AI 技术可以帮助企业更快地推出新产品和服务，提高市场反应速度，从而增强企业的竞争力。

■ 9.5　创作工坊：如何设计一幅电影节 / 活动海报

第一步：首先选择一部喜欢的电影（或自己想象的即将拍摄的电影），生成海报的主视觉画面。

我们仿照王家卫的《花样年华》的色调，来设计出一段类似电影风格的"咒语"，生成几张"剧照"。为避免版权问题，我们这里不使用电影中的演员名字，而只是借用电影名字作为风格参照。

第一幅（见图 9-28）和第二幅（见图 9-29）描绘了一个美丽的女人穿着深绿色的刺绣旗袍走在街上，具有东方风情、永恒的怀旧风、中国传统风、复古风格的胸针、电影胶片特点、王家卫的电影风格（a beautiful woman walking down the street in dark green Embroidered cheongsam，in the style of orient-inspired，timeless nostalgia，chinese tradition，vintage-inspired pin-ups，cinestill 50d，Wong Karwai's Film Style，The Mood for Love）。第三幅图（见图 9-30）则稍作调整，将衣服的颜色改为紫色，并去除旗袍的限制，第一句话也做了相应调整：一个女人穿着深紫色衣服走在街上（A woman walking down the street in dark purple）。

▲ 图 9-28

▲ 图 9-29

▲ 图 9-30

　　第二步：如果是平面设计高手，那么可以直接使用上面图片中的任意一张，将其导入
Photoshop 并生成海报。如果不熟悉这些工具软件，也不用担心，我们可以使用微软刚刚推
出的 AI 设计工具 Designer 来完成这个目标，具体流程如图 9-31 所示，最终效果如图 9-32 所示。

　　值得一提的是，在之前已经有类似可画（Canva）之类的平面设计模板类工具。但是
微软的 Designer 更多地融合了 AI 的功能，虽然目前使用起来可能还不是特非常顺畅，但
相信我，AI 的"进化"速度令人期待。

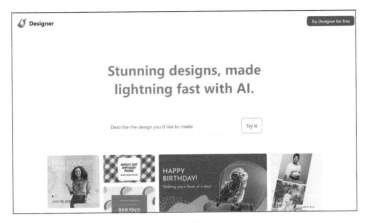

登录页面

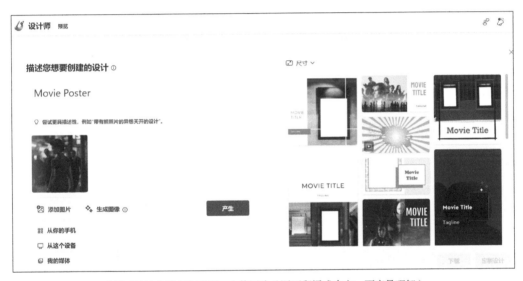

选择"从这个设备"选项，上传图片（页面翻译成中文，更容易理解）

单击"产生"按钮，在右侧显示生成的海报

▲ 图 9-31

选择满意的一张，单击右下角的"定制设计"按钮

切换至我们选择的页面，界面右侧提供了更多相似的页面

单击文字可以直接编辑，文稿也可以用 AI 协助生成，Designer 自带文
稿生成功能。这里使用的是 Claude，而后可以单击"下载"按钮，下
载该海报，或者发个朋友圈

▲ 图 9-31

▲ 图 9-32

可以看出，这或许是我们制作的第一张电影海报，但这并非一张非常专业的电影海报。但我们可以预见的是，随着 AI 快速与各种设计工具结合，将有越来越多优秀的模板可以让我们快速选择，制作一张可以应用在商业环境中的电影或活动海报，将不再是一项遥不可及的任务。

第三步：请尝试使用其他两张电影"剧照"，生成两张海报；或者重新生成一张以"生化危机"为主题的电影海报。

第 10 章

在 2023 年 6 月，Midjourney 宣布推出其文本转图像 AI 模型 5.2 版本。这次更新的内容特别丰富，甚至让很多数字艺术家为此惊叹。

■ 10.1　无限放大或无限缩小的世界

（1）Zoom Out （缩小缩小再缩小）

该功能类似于 Adobe 的生成填充工具，允许用户扩展原始图像，将其范围扩大到更大的范围，同时保持原始图像的细节。这有点类似于 Staible Diffusion 中的 outpainting 功能，即在保持原有图像不变的前提下，AI 将图像外围进行无限的扩展。

或许我们曾经观看过这样一个视频：镜头从一个人、一个房间逐渐扩展到地球、太阳系、银河系，甚至到浩瀚无垠的宇宙，现在 Midjourney 的缩小功能可以让我们随意拍摄类似的无限放大或缩小的视频。

那么，如何使用该功能呢？

首先通过 /image 命令输入提示后，Midjourney 将根据用户输入的内容生成四张图片。单击其中一张进行放大后，在图片下方会有三个按钮，分别为 Zoom Out 2x、Zoom Out 1.5x 和 Custom Zoom，如图 10-1 所示。

▲ 图 10-1

这三个按钮显示的是原始图像的"镜头焦距"倍数。Custom Zoom 支持用户微调该比例，范围为 1.0 ～ 2.0。同时，在微调比例的过程中，Midjourney 还提供了一个贴心的设计，在用户 Custom Zoom 功能可以调整 prompt 的描述内容。例如，当我们单击 Custom Zoom 按钮后，会弹出一个类似图 10-2 的对话框。我们可以通过更改对话框中的文字描述、颜色或画面中的某个物体来使生成的图片更符合我们的意图。

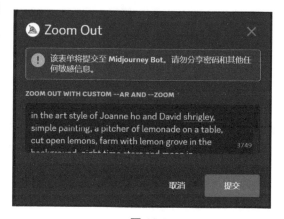

▲ 图 10-2

选择所需的缩放级别（刚刚介绍的1.5、2、Custom），然后重复此过程，就可以不断实现进一步缩小的效果（见图10-3）。

缩小 1.5x

缩小 2x

缩小 3x（1）

缩小 3x（2）

▲ 图 10-3

（2）Make Square（变方块）

Midjourney 的这次更新还附带了一个 Make Square 工具，该工具可以改变制作的图像形状，比如把长方形图片改变成正方形图片，但是不会增加图像的大小，只会增加相同画布上显示的内容。

添加的画布会使用提示和图像本身的提示自动填充。原始图像在中心保持完整，周围环绕着新生成的内容。

操作非常简单。在使用长宽比参数生成非方形图像（见图 10-4）后，会出现一个由四个图像组成的网格。选择一种方法后，下面就会出现 Make Square 选项，选择它就可以使生成的图像变成方形（见图 10-5）。最后选择满意的一张即可（见图 10-6）。

▲ 图 10-4　我们选择一个长宽比为 2 : 3 的原图开始处理

▲ 图 10-5　生成了四个方形的图像

▲ 图 10-6　选择其中比较满意的一张生成大图

需要提醒大家的是，在将图片扩充为方形的过程中，上下或左右填充的部分可能会出现黑色或白色的色块，而不是扩充后的图像。我们只需要忽略它，选择图像扩充充分的图像即可。

（3）Variation Mode（多变点少变点）

Variation Mode 即"变化模式"。此设置允许用户使用 AI 工具改变生成的图像。通过选择喜欢的变化模式，用户可以设置视觉上微小的变化，使生成的图像看起来或多或少与使用 Midjourney 生成的原始图像不同。

一共分为两种模式：高变化模式和低变化模式。高变化模式，顾名思义就是与原始输出有明显差别，低变化模式的设置与原始图像视觉性相对一致。下面以图 10-7 左图所示的牛顿为例，低变化模式我们几乎看不出跟原图的太大差异，只有牛顿这一人物的表情、头发颜色和背景有些许的变化，如图 10-7 中图所示。而高变化模式则在图片背景、牛顿的服装及图中主要元素苹果的位置都有显著的变化如图 10-7 右图所示。

原始图　　　　　　　　　　低变化模式　　　　　　　　　　高变化模式

▲ 图 10-7

（4）/shorten（少说点，不影响）

我们总是担心人工智能不能很好地理解我们的意思，因此在编辑文本提示时经常会输入很多内容。虽然丰富的内容可能会生成更多样性的作品，但是过于冗长的提示反而会适得其反。

为了解决这个问题，Midjourney 引入了"精简提示"功能。在用户输入提示后，Midjourney 会自动分析并提供一些替代方案。

例如，由"three white flowers are shown in this painting, in the style of art nouveau curves, realistic blue skies, chicano art, bold patterned quilts, large canvas sizes, realistic watercolor paintings, symmetrical compositions"生成了一张图像，在输入 /shorten 后再输入刚才的 prompt，AI 很贴心地去掉了它认为效果不够明显的单词，并给出了五个精简后的提示（见图 10-8）。这些提示基本上都是逻辑更加简洁的版本。我们可以逐一生成这些提示（见图 10-9），然后将它们与原始提示生成的图像进行比较，找到最佳的提示和图像组合，以便持续使用。

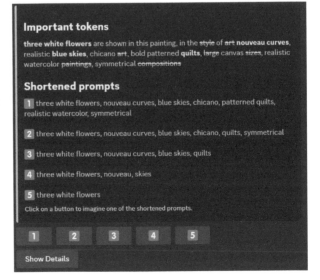

▲ 图 10-8

原图

提示词 1 生成

提示词 2 生成

提示词 3 生成

提示词 4 生成

提示词 5 生成

▲ 图 10-9

我们发现，Midjourney 给出的提示词 1、提示词 2 生成的图像与原图效果比较接近，提示词 3 有相似性，但已经有些差别。提示词 4、提示词 5 跟原图已经有很大差别了。在这种情况下，我们可以选择提示词 1、提示词 2 作为 prompt 继续生成想要的图像，至于不相似的图像，也不一定是一件坏事，也许我们在其中偶尔发现了很特别的风格，值得保存呢！

10.2 上下左右，平行移动

如果变大变小太过"笼统"，那么在指定的方向上精准的扩展功能是否更有价值？2023 年 7 月，Midjourney 新的功能图像平移功能又上线了。

那么，图像的平移功能是怎样实现的呢？

步骤01 在图片下方有四个箭头按钮，分别是左箭头◀、右箭头▶、下箭头▼和上箭头▲。单击其中一个箭头，图片就会朝对应的方向扩展。

步骤02 输入 /settings 并选择 Remix 模式，就可以在扩展图片的同时更改提示信息，这个功能可谓是讲述故事的好帮手。

步骤03 我们可以多次进行平移，Midjourney 会继续扩展图片，从而让我们可以持续观赏到高清的画面。

看到平移功能上线，我们首先想到的是扩展风景，获得风景的全景图。下面我们就来做一番尝试！

先生成一张基础图（图 10-10），图片生成后，我们会看到上、下、左、右四个箭头按钮。分别使用这些按钮扩展的效果如图 10-11 所示。

▲ 图 10-10

向左扩展

向上扩展　　　向下扩展　　　向右扩展

▲ 图 10-11

和 Zoom Out 功能一样,贴心的修改功能再次出现。在 /settings 中选择 Remix(重新混合)模式,那么在我们选择任意方向扩展图像时,就会有图 10-12 所示的页面弹出,允许我们更改 Prompt。我们试试在图 10-11 向右扩展的莲花的左边,增加一位站在桥上的女孩,效果如图 10-13 所示。

▲ 图 10-12   ▲ 图 10-13

怎么样?很棒吧!果真有一个女孩站在小桥上欣赏莲花了!

无限的横向扩展以及无限的纵向扩展,是不是很像拍了一张全景图?在这个全景图中,可以不断添加我们需要的元素,来构建一个全新的画面!如果之前我们的绘画更多的是构建了一个场景,那么有了平移功能之后,我们可以将无数的场景进行拓展和关联。因此,图画将帮我们讲述更多的故事,表达更深沉的思想和情感。这不是我们一直追求的目标吗?

总的来讲,此次 Midjourney 更新的新功能是非常有趣的,特别是 Zoom Out 和上、下、左、右平移功能。截至本书出版时,又更新区域变化、支持局部调整画面,定向修改内容等功能。这些新功能就像给了我们一支画笔一样,让我们可以在画布上创造更多的内容。无论想象力有多么丰富,这个画布上的世界都会跟随我们的召唤而不断扩展,在这个画布上可以绘制出任何我们想象得到的场景和物品,创造出一个独一无二的世界。这些新功能为用户提供了更多的创造空间,让用户可以更加自由地发挥自己的创造力和想象力。

而在更多人期待的 Midjourney 即将升级的 V6 版本中,还有哪些强大的功能可以出现?文字可以准确地出现在画面中?还是可以实现文本到视频的生成?我们有各种猜测,又充满了期待……